JIS逆引きリファレンス
ねじ締結

はじめに

　ねじは，機械の要素部品としてあらゆる産業で広く利用されています。日本工業規格（JIS）においても，多種・多様なねじについて，その種類，寸法・形状，試験・検査方法などが規定され，ねじの設計，製造，施工などに運用されています。

　一方，ねじの JIS は，その用途に応じて規格が多岐にわたることから，特に経験の浅い設計者や技術者は，JIS の規定内容を迅速かつ適切に調べることに苦慮されているという実情があります。

　『JIS 逆引きリファレンス ねじ締結』では，ねじ設計や施工の現場において，知る事柄や調べたい事柄をキーワードとしてピックアップしております。JIS を調べる場合，通常は JIS 規格票や JIS ハンドブックなどから可能ですが，本書では，"知る，調べたいキーワード"から，JIS の規定内容を参照できるように構成されています。また，本書の巻末に収録した索引は，JIS に規定された項目のほか，JIS を適切に利用するためのキーポイントとなる項目からも JIS の規定内容を検索することが可能です。

　本書では，ねじ締結に関するクロスリファレンスとともに，関係する JIS を正しく理解していただくことも意図しております。JIS の適切な理解に役立つコメント（本文"解説"に記載）も併せて参照ください。

　本書に収録した JIS 一覧を巻末に収録しました。当該 JIS の年号の確認などにご利用ください。なお，JIS の規定内容を実際に利用される場合は，JIS 規格票や JIS ハンドブックを参照されることをお勧め致します。

　多くの設計者や技術者の座右の書として，本書をご活用いただければ幸甚に存じます。

　最後に本書の監修をいただいた日本ねじ研究協会に感謝の意を表します。

2012 年 9 月

日本ねじ研究協会
専務理事　大磯　義和

目次

はじめに ……………………………………………………………… 3

Chapter 1　ねじの基本

01　ねじ山の形状を知る ………………………………………… 10
02　ねじの呼び径とピッチを知る ……………………………… 13
03　ねじの基準寸法を知る ……………………………………… 16
04　ねじの寸法公差と許容差を知る …………………………… 17
05　ねじの幾何公差と偏差を知る ……………………………… 24
06　ねじのはめあいを知る ……………………………………… 26
07　ねじの強度を知る …………………………………………… 28
08　ねじの表面処理を知る ……………………………………… 33
09　ねじの呼び方と表し方を知る ……………………………… 36
10　ねじの図示方法を知る ……………………………………… 39

Chapter 2　ねじの種類

01　ねじ山の種類を知る ………………………………………… 44
02　ねじの基準寸法の種類を知る ……………………………… 46
03　メートルねじの分類を知る ………………………………… 48
04　ユニファイねじの分類を知る ……………………………… 49
05　台形ねじの分類を知る ……………………………………… 52
06　ねじ部品の用途・種類を知る ……………………………… 54
07　ねじ部品の頭部の形状を知る ……………………………… 56
08　ねじの先端形状と表し方を知る …………………………… 58
09　ねじ部品のねじ部長さを知る ……………………………… 61

Chapter 3　ボルト

- 01　ボルトの分類を知る ……………………………… 64
- 02　六角ボルトの種類を知る ………………………… 66
- 03　六角ボルトの寸法を知る ………………………… 68
- 04　六角ボルトの強度を知る ………………………… 72
- 05　六角穴付きボルトの種類を知る ………………… 74
- 06　六角穴付きボルトの寸法を知る ………………… 76
- 07　六角穴付きボルトの強度を知る ………………… 80
- 08　植込みボルトについて知る ……………………… 82
- 09　基礎ボルトについて知る ………………………… 84
- 10　その他のボルトについて知る …………………… 86

Chapter 4　ナット

- 01　ナットの分類を知る ……………………………… 88
- 02　六角ナットの種類を知る ………………………… 90
- 03　六角ナットの寸法を知る ………………………… 92
- 04　六角ナットの強度を知る ………………………… 95
- 05　六角袋ナットについて知る ……………………… 98
- 06　溝付き六角ナットについて知る ………………… 100
- 07　溶接ナットについて知る ………………………… 102
- 08　プリベリングトルク形ナットについて知る …… 104
- 09　ちょうナットについて知る ……………………… 106
- 10　その他のナットについて知る …………………… 108

Chapter 5　タッピンねじ

- 01　タッピンねじの種類を知る ……………………… 114
- 02　タッピンねじの寸法を知る ……………………… 116
- 03　タッピンねじの強度を知る ……………………… 118
- 04　ドリルねじについて知る ………………………… 120

Chapter 6　小ねじ

- 01　小ねじの種類を知る　124
- 02　小ねじの寸法を知る　127
- 03　小ねじの強度を知る　129
- 04　木ねじの種類を知る　132
- 05　その他の小ねじについて知る　134

Chapter 7　止めねじ

- 01　止めねじの種類を知る　136
- 02　止めねじの形状・寸法を知る　137
- 03　止めねじの強度を知る　142

Chapter 8　建築用ねじ

- 01　建築用ねじの種類を知る　146
- 02　ターンバックルについて知る　150
- 03　高力ボルトについて知る　153
- 04　アンカーボルトについて知る　156

Chapter 9　座金・ピン・リベット

- 01　座金の種類を知る　158
- 02　平座金の形状・寸法を知る　162
- 03　平座金の強度を知る　163
- 04　ばね座金について知る　165
- 05　ピンについて知る　167
- 06　リベットについて知る　177

Chapter 10　ねじの締付け

- 01　ねじの締付け方法を知る ･･････････････････････････････ 182
- 02　ねじの締付け力とトルクを知る ･･････････････････････ 186
- 03　ねじの締付け管理について知る ･･････････････････････ 189

Chapter 11　ねじの試験・検査

- 01　ねじの寸法検査を知る ･･････････････････････････････ 192
- 02　ねじの形状検査を知る ･･････････････････････････････ 195
- 03　ねじの表面欠陥検査を知る ･･････････････････････････ 197
- 04　機械的及び物理的性質試験を知る ････････････････････ 199
- 05　ねじの疲労破壊試験を知る ･･････････････････････････ 202
- 06　ねじの遅れ破壊試験を知る ･･････････････････････････ 204
- 07　ねじの耐食性試験を知る ････････････････････････････ 206
- 08　受入検査と品質保証を知る ･･････････････････････････ 208

索　引 ･･ 211
ねじ締結関係収録 JIS 一覧 ･･････････････････････････････････ 220

One Point Column

- ねじの発明 ………………………………………………… 12
- 数値の丸め方 ……………………………………………… 32
- 真直度や同軸度の単位 …………………………………… 47
- ねじの規格統一 …………………………………………… 60
- 寸法公差，寸法許容差，許容限界寸法 ………………… 65
- 真円度 ……………………………………………………… 71
- 公差 ………………………………………………………… 79
- ねじの強度表示 …………………………………………… 81
- ねじの種類を表す記号 …………………………………… 83
- 耐食性と皮膜 ……………………………………………… 85
- メートルねじ以外のねじ ………………………………… 89
- ねじの頭部 ………………………………………………… 105
- 台形ねじの記号 …………………………………………… 107
- ユニファイねじの寸法単位 ……………………………… 117
- 二面幅の寸法 ……………………………………………… 126
- 日本独自のボルト ………………………………………… 131
- ナットによるゆるみ防止の工夫 ………………………… 149
- 信頼のおける JIS 製品の使用 …………………………… 155
- 国際規格との整合を妨げる要因 ………………………… 164
- ねじ頭に付いている"くぼみ" …………………………… 182
- 統計的手法による疲労試験 ……………………………… 203
- 打痕きず …………………………………………………… 205

CHAPTER 1
ねじの基本

01 ねじ山の形状を知る ･･････････････････ 10
02 ねじの呼び径とピッチを知る ･････････････ 13
03 ねじの基準寸法を知る ･････････････････ 16
04 ねじの寸法公差と許容差を知る ･････････ 17
05 ねじの幾何公差と偏差を知る ･･･････････ 24
06 ねじのはめあいを知る ･････････････････ 26
07 ねじの強度を知る ･･･････････････････ 28
08 ねじの表面処理を知る ･････････････････ 33
09 ねじの呼び方と表し方を知る ･･･････････ 36
10 ねじの図示方法を知る ･････････････････ 39

01 ねじ山の形状を知る

ねじ山の形状は，JIS B 0205-1（一般用メートルねじ－第1部：基準山形）に規定されています。

【規定内容】

ねじ山は，山の頂と谷底とを連絡する面（フランク）の間の実体部分で，いわゆる斜面と斜面とで形成される部分が山となります。また，**ねじ山の基準山形**は，軸線を含む断面において，めねじとおねじとが共有する理論上の寸法と角度で定義される理論上の形状となります。一般用メートルねじの基準山形の場合は，三角形の山の角度が60°，とがり山の高さ（H）に対して，山の頂を $H/8$，谷底を $H/4$ ずつ切り取った形状をいいます。

基準山形のそれぞれの寸法は，互いに隣り合うねじ山に対応する2点を軸線に平行に測った距離をピッチ（P）として，次の公式に基づき計算します。

$H = P\sqrt{3}/2 = 0.866\,025\,404\,P$

$5H/8 = 0.541\,265\,877\,P$

$3H/8 = 0.324\,759\,526\,P$

$H/4 = 0.216\,506\,351\,P$

$H/8 = 0.108\,253\,175\,P$

計算した数値を丸めた値が，**基準山形の寸法**となります。

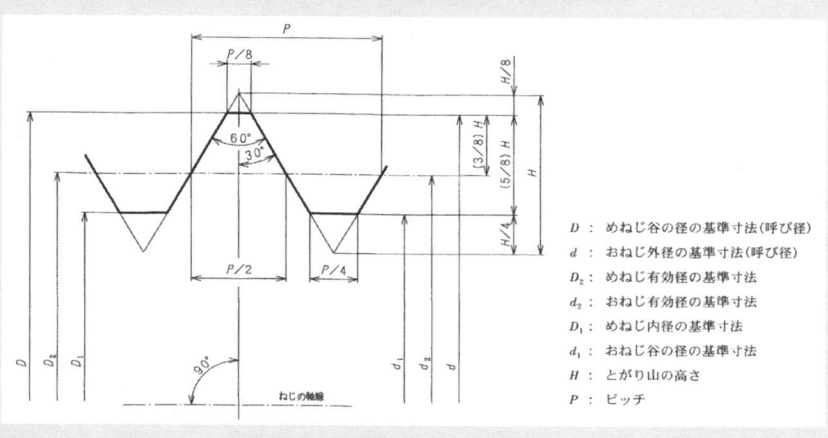

基準山形の形状（JIS B 0205-1）

基準山形の寸法（JIS B 0205-1）

単位 mm

ピッチ P	H	$\frac{5}{8}H$	$\frac{3}{8}H$	$\frac{H}{4}$	$\frac{H}{8}$
0.2	0.173 205	0.108 253	0.064 952	0.043 301	0.021 651
0.25	0.216 506	0.135 316	0.081 190	0.054 127	0.027 063
0.3	0.259 808	0.162 380	0.097 428	0.064 952	0.032 476
0.35	0.303 109	0.189 443	0.113 666	0.075 777	0.037 889
0.4	0.346 410	0.216 506	0.129 904	0.086 603	0.043 301
0.45	0.389 711	0.243 570	0.146 142	0.097 428	0.048 714
0.5	0.433 013	0.270 633	0.162 380	0.108 253	0.054 127
0.6	0.519 615	0.324 760	0.194 856	0.129 904	0.064 952
0.7	0.606 218	0.378 886	0.227 332	0.151 554	0.075 777
0.75	0.649 519	0.405 949	0.243 570	0.162 380	0.081 190
0.8	0.692 820	0.433 013	0.259 808	0.173 205	0.086 603
1	0.866 025	0.541 266	0.324 760	0.216 506	0.108 253
1.25	1.082 532	0.676 582	0.405 949	0.270 633	0.135 316
1.5	1.299 038	0.811 899	0.487 139	0.324 760	0.162 380
1.75	1.515 544	0.947 215	0.568 329	0.378 886	0.189 443
2	1.732 051	1.082 532	0.649 519	0.433 013	0.216 506
2.5	2.165 063	1.353 165	0.811 899	0.541 266	0.270 633
3	2.598 076	1.623 798	0.974 279	0.649 519	0.324 760
3.5	3.031 089	1.894 431	1.136 658	0.757 772	0.378 886
4	3.464 102	2.165 063	1.299 038	0.866 025	0.433 013
4.5	3.897 114	2.435 696	1.461 418	0.974 279	0.487 139
5	4.330 127	2.706 329	1.623 798	1.082 532	0.541 266
5.5	4.763 140	2.976 962	1.786 177	1.190 785	0.595 392
6	5.196 152	3.247 595	1.948 557	1.299 038	0.649 519
8	6.928 203	4.330 127	2.598 076	1.732 051	0.866 025

【解　説】
　基準山形は，理論上の形状ですから，実際のねじ山とは異なります。
　ねじ山には，多種多様な種類がありますが，締結用ねじとして一般的に用いられるメートルねじについて説明しました。これ以外には，ユニファイねじ，ミニチュアねじ，自転車ねじ，ミシン用ねじ，メートル台形ねじ，管用ねじなどがあります。

▰ *One Point Column*　**ねじの発明**

　ねじの発明者は，定かではありませんが，紀元前の古代ローマ人がねじを発見したとされる説が有力です。その当時の物を固定する道具としては，"くさび"，"くぎ"，"びょう"の類でした。
　紀元前280年ごろにアルキメデスがねじの螺旋を使ったスクリュー式揚水機を発明したとされていますので，当時では，ねじは固定具ではなかったようです。時が経ち，15世紀の中世ヨーロッパのルネッサンス期にレオナルド・ダ・ヴィンチが考案したねじ切り盤のスケッチが有名です。

One Point Column ▰

02 ねじの呼び径とピッチを知る

ねじの呼び径とピッチは，JIS B 0205-2（一般用メートルねじ－第2部：全体系）などに規定されています。

【規定内容】

ねじの互換性を保つために**呼び径**と**ピッチ**との組合せについて，JIS B 0205-2（一般用メートルねじ－第2部：全体系）に規定されています。メートルねじの呼び径とピッチは，工業における利用を考慮した数列から選択します。呼び径には1 mmから300 mmまでの寸法があり，使用の優先順位として第1選択，第2選択，第3選択があります。ピッチは，並目ねじの場合は1種類，細目ねじの場合は，並目ねじのピッチより細かい寸法のピッチを規定しており，少ないもので1種類，多いもので5種類の寸法が規定されています。

呼び径及びピッチの選択（JIS B 0205-2）

単位 mm

呼び径 D, d			並目	ピッチ P									
1欄	2欄	3欄		細目									
第1選択	第2選択	第3選択		3	2	1.5	1.25	1	0.75	0.5	0.35	0.25	0.2
1	—	—	0.25										0.2
—	1.1	—	0.25										0.2
1.2	—	—	0.25										0.2
—	1.4	—	0.3										0.2
1.6	—	—	0.35										0.2
—	1.8	—	0.35										0.2
2	—	—	0.4									0.25	
—	2.2	—	0.45									0.25	
2.5	—	—	0.45									0.35	
3	—	—	0.5									0.35	
—	3.5	—	0.6									0.35	
4	—	—	0.7								0.5		
—	4.5	—	0.75								0.5		
5	—	—	0.8								0.5		
—	—	5.5									0.5		
6	—	—	1						0.75				
—	7	—	1						0.75				
8	—	—	1.25					1	0.75				
—	—	9	1.25					1	0.75				
10	—	—	1.5				1.25	1	0.75				
—	—	11	1.5					1	0.75				

chapter 1 ● 13

また，呼び径とピッチとの組合せをさらに絞り込んで，一般工業用として推奨する1 mm から 64 mm までの範囲の**ねじ部品用のサイズ**について，第1選択で21種類，第2選択で13種類をJIS B 0205-3（一般用メートルねじ－第3部：ねじ部品用に選択したサイズ）に規定されています。寸法の単純化はコスト削減に大きく寄与します。標準サイズを選択することが望まれます。

呼び径とピッチ（JIS B 0205-3）

単位 mm

呼び径 D, d		ピッチ P			
第1選択	第2選択	並目	細目		
1	—	0.25	—	—	—
1.2	—	0.25	—	—	—
—	1.4	0.3	—	—	—
1.6	—	0.35	—	—	—
—	1.8	0.35	—	—	—
2	—	0.4	—	—	—
2.5	—	0.45	—	—	—
3	—	0.5	—	—	—
—	3.5	0.6	—	—	—
4	—	0.7	—	—	—
5	—	0.8	—	—	—
6	—	1	—	—	—
—	7	1	—	—	—
8	—	1.25	1	—	—
10	—	1.5	1.25	1	
12	—	1.75	1.5	1.25	
—	14	2	1.5	—	—
16	—	2	1.5	—	—
—	18	2.5	2	1.5	
20	—	2.5	2	1.5	
—	22	2.5	2	1.5	
24	—	3	2	—	—
—	27	3	2	—	—
30	—	3.5	2	—	—

【解　説】

　ねじを使用するうえで，呼び径とピッチとの組合せが無秩序では，互換性を確保するのが困難になります。そのため，合理的な寸法系列に標準化しておかないと，ねじを作る人も使う人も無用な労力を強いられ，無駄なことが起こります。

　ねじの呼び径とピッチの選択・組合せは重要な決め事なのです。合理的な寸法系列に従った体系であることが標準化の基本です。したがって，間引くところは間引く，一定の間隔をもった寸法系列の原則を**全体系**と呼び，ISO や JIS では，この原則に基づいて寸法が規定されています。

　寸法を規定する際に用いられるのが，**標準数**という等比級数の数列です。

　基本数列の標準数には，R5，R10，R20，R40，R80 という基本数列があり，JIS Z 8601（標準数）では，以下のように規定されています。

　R10 という数列は，

　　1.00，1.25，1.60，2.00，2.50，3.15，4.00，5.00，6.30，8.00

　R20 という数列は，

　　1.00，1.12，1.25，1.40，1.60，1.80，2.00，2.24，2.50，2.80，3.15，

　　4.00，5.00，5.60，6.30，7.10，8.00，9.00

　これらの数列の数値は，丸めて使われることが多く，寸法を決定するための根拠となるものです。

　ねじの呼び径とピッチとの組合せを見てみます。

　呼び径の第 1 選択の寸法は，

　　1，1.2，1.6，2，2.5，3，4，5，6，8，10

というようになっており，R10 の数列を一部丸めた寸法となっています。

　並目ねじのピッチの寸法は，

　　0.25，0.35，0.4，0.45，0.5，0.7，0.8，1，1.25，1.5

という数値が規定されています。

　勝手に数字を並べたのでは収拾がつかなくなります。ISO 規格や JIS では，それぞれの主張を考慮し，最終的に基本数列に近い整数値が選択されます。

03 ねじの基準寸法を知る

ねじの基準寸法は，JIS B 0205-4（一般用メートルねじ－第4部：基準寸法）に規定されています。

【規定内容】

ねじの基準寸法は，基準山形を基にして，めねじの谷の径（D），有効径（D_2），内径（D_1）及びおねじの外径（d），有効径（d_2），谷の径（d_1）のそれぞれが次の公式に従って計算されます。

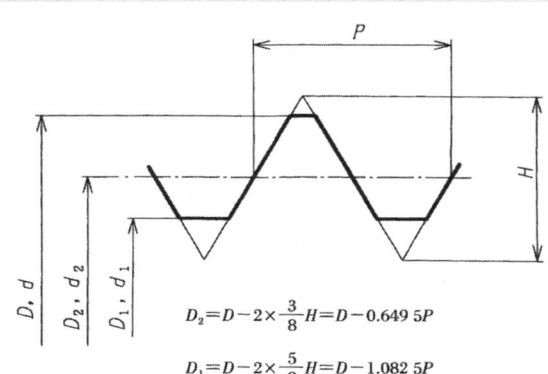

$$D_2 = D - 2 \times \frac{3}{8}H = D - 0.649\,5P \qquad d_2 = d - 2 \times \frac{3}{8}H = d - 0.649\,5P$$

$$D_1 = D - 2 \times \frac{5}{8}H = D - 1.082\,5P \qquad d_1 = d - 2 \times \frac{5}{8}H = d - 1.082\,5P$$

基準寸法（JIS B 0205-4）

めねじの谷の径の基準寸法（D）及びおねじの外径の基準寸法（d）は，それぞれ等しく呼び径としています。また，めねじの内径の基準寸法（D_1）及びおねじの谷の径（d_1）も等しい数値となります。

【解　説】

基準山形を基にして最初にねじ山の基準寸法を決めます。次に，この寸法に対して寸法公差を与えて，実際のねじ山の寸法を決めるという手順になります。したがって，ねじ山を決定するための基本中の基本がこの基準寸法になります。

標準化された寸法以外のねじを使わざるを得ない場合は，呼び径（＝おねじの外径＝めねじの谷の径）とピッチを用いて計算し，有効径とめねじの内径（＝おねじの谷の径）を求めます。

04 ねじの寸法公差と許容差を知る

ねじの寸法公差と許容差は，JIS B 0209-1（一般用メートルねじ－公差－第1部：原則及び基礎データ）などに規定されています。

【規定内容】

　ねじを成形・加工するには，基準寸法に対して，どの程度の寸法範囲で加工すべきかという，成形や加工を行う際の寸法を決定するための**公差方式**を JIS B 0209-1（一般用メートルねじ－公差－第1部：原則及び基礎データ）に規定されています。公差方式は，公差グレードと公差位置との組合せで表す**公差域クラス**で示されます。

　ねじの呼び方は，ねじの種類及びサイズ並びに公差域クラスから成り立っています。つまり，一般用メートルねじでは，ねじの種類を表す文字 "M" に続けて，記号 "×" で区切った呼び径及びピッチの値（ミリメートルで表す）を示し，その後に公差域クラスを示します。なお，並目ねじに関しては，ピッチを省略してもよいのです。

　一般用として使用される呼び径が 1 から 64 mm までのめねじとおねじの公差域クラスの**許容限界寸法**は，JIS B 0209-2［一般用メートルねじ－公差－第2部：一般用おねじ及びめねじの許容限界寸法－中（はめあい区分）］に規定されています。

　呼び径が 0.99 mm を超え 355 mm 以下で，ピッチが 0.2 mm から 8 mm までの範囲にあるねじの有効径，めねじ内径及びおねじ外径に対する**寸法許容差**を公差域クラスごとに JIS B 0209-3（一般用メートルねじ－公差－第3部：構造体用ねじの寸法許容差）に規定されています。

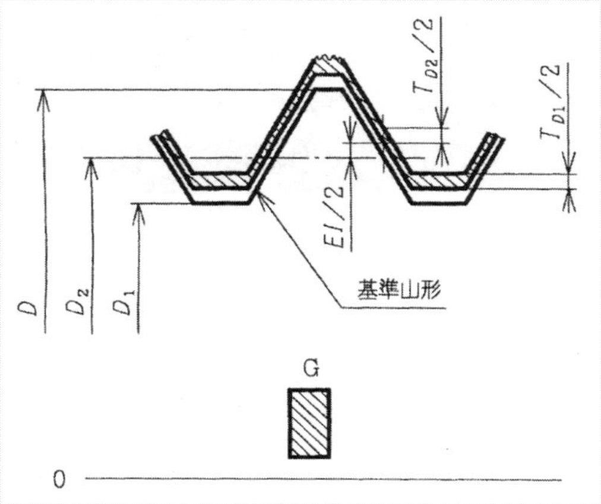

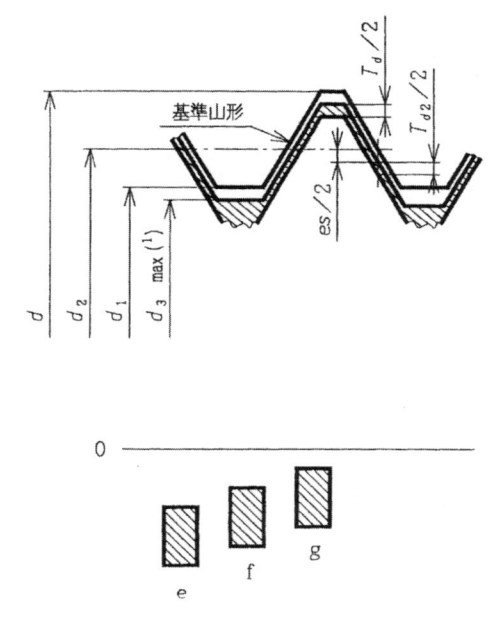

公差位置 G のめねじ（JIS B 0209-1）

公差位置 e,f,g のおねじ（JIS B 0209-1）

めねじ及びおねじの基礎となる寸法許容差（JIS B 0209-1）

ピッチ P	基礎となる寸法許容差					
	めねじ D_2, D_1		おねじ d, d_2			
	G EI	H EI	e es	f es	g es	h es
mm	μm	μm	μm	μm	μm	μm
0.2	＋17	0	―	―	－17	0
0.25	＋18	0	―	―	－18	0
0.3	＋18	0	―	―	－18	0
0.35	＋19	0	―	－34	－19	0
0.4	＋19	0	―	－34	－19	0
0.45	＋20	0	―	－35	－20	0
0.5	＋20	0	－50	－36	－20	0
0.6	＋21	0	－53	－36	－21	0
0.7	＋22	0	－56	－38	－22	0
0.75	＋22	0	－56	－38	－22	0
0.8	＋24	0	－60	－38	－24	0
1	＋26	0	－60	－40	－26	0
1.25	＋28	0	－63	－42	－28	0
1.5	＋32	0	－67	－45	－32	0
1.75	＋34	0	－71	－48	－34	0
2	＋38	0	－71	－52	－38	0
2.5	＋42	0	－80	－58	－42	0
3	＋48	0	－85	－63	－48	0
3.5	＋53	0	－90	－70	－53	0
4	＋60	0	－95	－75	－60	0
4.5	＋63	0	－100	－80	－63	0
5	＋71	0	－106	－85	－71	0
5.5	＋75	0	－112	－90	－75	0
6	＋80	0	－118	－95	－80	0
8	＋100	0	－140	－118	－100	0

例　おねじ

```
                                                      M10×1－5g 6g
        呼び径が10 mmで，ピッチが1 mmのねじ
        有効径の公差域クラス
        外径の公差域クラス

                                                      M10－6g
        呼び径が10 mmの並目ねじ
        有効径及び外径の公差域クラス
```

　　めねじ

```
                                                      M10×1－5H 6H
        呼び径が10 mmで，ピッチが1 mmのねじ
        有効径の公差域クラス
        内径の公差域クラス

                                                      M10－6H
        呼び径が10 mmの並目ねじ
        有効径及び内径の公差域クラス
```

ねじ部品どうしの組合せは，めねじの公差域クラスに続けて，おねじの公差域クラスを斜線で区切って表す。

　　例　M6－6H/6g
　　　　M20×2－6H/5g6g

公差域クラスが示されていない場合には，次に示す公差域クラスをもつはめあい区分"中"が規定されていることを意味する。

　　めねじ　　　— M1.4以下のねじに対して，5H
　　　　　　　　— M1.6以上のねじに対して，6H

　　備考　公差グレード4を一つだけ規定しているピッチ$P=0.2$ mmのねじを除く（**表3**及び**表5**を参照）。

　　おねじ　　　— M1.4以下のねじに対して，6h
　　　　　　　　— M1.6以上のねじに対して，6g

はめあい長さ"短い"S及び"長い"Lの表示は，公差域クラスの表示の後にダッシュで区切って追加する。

　　例　M20×2－5H－S
　　　　M6－7H/7g 6g－L

はめあい長さが示されていない場合には，はめあい長さは，"並"Nが規定されることを意味する。

一条ねじの呼び方の例（JIS B 0209-1）

めねじ—並目ねじの許容限界寸法（JIS B 0209-2）

単位 mm

ねじの呼び	はめあい長さ		有効径 D_2		内径 D_1	
	を超え	以下	最大	最小	最大	最小
M1	0.6	1.7	0.894	0.838	0.785	0.729
M1.2	0.6	1.7	1.094	1.038	0.985	0.929
M1.4	0.7	2	1.265	1.205	1.142	1.075
M1.6	0.8	2.6	1.458	1.373	1.321	1.221
M1.8	0.8	2.6	1.658	1.573	1.521	1.421
M2	1	3	1.830	1.740	1.679	1.567
M2.5	1.3	3.8	2.303	2.208	2.138	2.013
M3	1.5	4.5	2.775	2.675	2.599	2.459
M3.5	1.7	5	3.222	3.110	3.010	2.850
M4	2	6	3.663	3.545	3.422	3.242
M5	2.5	7.5	4.605	4.480	4.334	4.134
M6	3	9	5.500	5.350	5.153	4.917
M7	3	9	6.500	6.350	6.153	5.917
M8	4	12	7.348	7.188	6.912	6.647
M10	5	15	9.206	9.026	8.676	8.376

おねじ—並目ねじの許容限界寸法（JIS B 0209-2）

単位 mm

ねじの呼び	はめあい長さ		外径 d		有効径 d_2		谷底丸みの半径
	を超え	以下	最大	最小	最大	最小	最小(^{1})
M1	0.6	1.7	1.000	0.933	0.838	0.785	0.031
M1.2	0.6	1.7	1.200	1.133	1.038	0.985	0.031
M1.4	0.7	2	1.400	1.325	1.205	1.149	0.038
M1.6	0.8	2.6	1.581	1.496	1.354	1.291	0.044
M1.8	0.8	2.6	1.781	1.696	1.554	1.491	0.044
M2	1	3	1.981	1.886	1.721	1.654	0.050
M2.5	1.3	3.8	2.480	2.380	2.188	2.117	0.056
M3	1.5	4.5	2.980	2.874	2.655	2.580	0.063
M3.5	1.7	5	3.479	3.354	3.089	3.004	0.075
M4	2	6	3.978	3.838	3.523	3.433	0.088
M5	2.5	7.5	4.976	4.826	4.456	4.361	0.100
M6	3	9	5.974	5.794	5.324	5.212	0.125
M7	3	9	6.974	6.794	6.324	6.212	0.125
M8	4	12	7.972	7.760	7.160	7.042	0.156
M10	5	15	9.968	9.732	8.994	8.862	0.188
M12	6	18	11.966	11.701	10.829	10.679	0.219
M14	8	24	13.962	13.682	12.663	12.503	0.250
M16	8	24	15.962	15.682	14.663	14.503	0.250
M18	10	30	17.958	17.623	16.334	16.164	0.313

めねじ—細目ねじの許容限界寸法（JIS B 0209-2）

単位 mm

ねじの呼び	はめあい長さ		有効径 D_2		内径 D_1	
	を超え	以下	最大	最小	最大	最小
M8×1	3	9	7.500	7.350	7.153	6.917
M10×1	4	12	9.500	9.350	9.153	8.917
M10×1.25	4	12	9.348	9.188	8.912	8.647
M12×1.25	4.5	13	11.368	11.188	10.912	10.647
M12×1.5	4.5	13	11.216	11.026	10.676	10.376
M14×1.5	5.6	16	13.216	13.026	12.676	12.376
M16×1.5	5.6	16	15.216	15.026	14.676	14.376
M18×1.5	5.6	16	17.216	17.026	16.676	16.376
M18×2	5.6	16	16.913	16.701	16.210	15.835
M20×1.5	5.6	16	19.216	19.026	18.676	18.376
M20×2	5.6	16	18.913	18.701	18.210	17.835
M22×1.5	5.6	16	21.216	21.026	20.676	20.376
M22×2	5.6	16	20.913	20.701	20.210	19.835
M24×2	8.5	25	22.925	22.701	22.210	21.835
M27×2	8.5	25	25.925	25.701	25.210	24.835
M30×2	8.5	25	28.925	28.701	28.210	27.835
M33×2	8.5	25	31.925	31.701	31.210	30.835
M36×3	12	36	34.316	34.051	33.252	32.752

おねじ—細目ねじの許容限界寸法（JIS B 0209-2）

単位 mm

ねじの呼び	はめあい長さ		外径 d		有効径 d_2		谷底丸みの半径
	を超え	以下	最大	最小	最大	最小	最小(^{1})
M8×1	3	9	7.974	7.794	7.324	7.212	0.125
M10×1	4	12	9.974	9.794	9.324	9.212	0.125
M10×1.25	4	12	9.972	9.760	9.160	9.042	0.156
M12×1.25	4.5	13	11.972	11.760	11.160	11.028	0.156
M12×1.5	4.5	13	11.968	11.732	10.994	10.854	0.188
M14×1.5	5.6	16	13.968	13.732	12.994	12.854	0.188
M16×1.5	5.6	16	15.968	15.732	14.994	14.854	0.188
M18×1.5	5.6	16	17.968	17.732	16.994	16.854	0.188
M18×2	5.6	16	17.962	17.682	16.663	16.503	0.250
M20×1.5	5.6	16	19.968	19.732	18.994	18.854	0.188
M20×2	5.6	16	19.962	19.682	18.663	18.503	0.250
M22×1.5	5.6	16	21.968	21.732	20.994	20.854	0.188
M22×2	5.6	16	21.962	21.682	20.663	20.503	0.250
M24×2	8.5	25	23.962	23.682	22.663	22.493	0.250
M27×2	8.5	25	26.962	26.682	25.663	25.493	0.250
M30×2	8.5	25	29.962	29.682	28.663	28.493	0.250
M33×2	8.5	25	32.962	32.682	31.663	31.493	0.250
M36×3	12	36	35.952	35.577	34.003	33.803	0.375
M39×3	12	36	38.952	38.577	37.003	36.803	0.375
M42×3	12	36	41.952	41.577	40.003	39.803	0.375

構造体用ねじの寸法許容差（JIS B 0209-3）

ES, es＝上の許容差 ；　EI, ei＝下の許容差

呼び径		ピッチ	めねじ				おねじ				
を超え	以下		公差域クラス	有効径		内径		公差域クラス	有効径		外径		谷の径 応力計算用寸法許容差 $-\left(\|es\|+\dfrac{H}{6}\right)$
				ES	EI	ES	EI		es	ei	es	ei	
mm	mm	mm		μm	μm	μm	μm		μm	μm	μm	μm	μm
0.99	1.4	0.2	—	—	—	—	—	3h4h	0	−24	0	−36	−29
			4H	+40	0	+38	0	4h	0	−30	0	−36	−29
			5G	—	—	—	—	5g6g	−17	−55	−17	−73	−46
			5H	—	—	—	—	5h4h	0	−38	0	−36	−29
			—	—	—	—	—	5h6h	0	−38	0	−56	−29
			—	—	—	—	—	6e	—	—	—	—	—
			—	—	—	—	—	6f	—	—	—	—	—
			6G	—	—	—	—	6g	−17	−65	−17	−73	−46
			6H	—	—	—	—	6h	0	−48	0	−56	−29
			—	—	—	—	—	7e6e	—	—	—	—	—
			7G	—	—	—	—	7g6g	—	—	—	—	—
			7H	—	—	—	—	7h6h	—	—	—	—	—
			8G	—	—	—	—	8g	—	—	—	—	—
			8H	—	—	—	—	9g8g	—	—	—	—	—
		0.25	—	—	—	—	—	3h4h	0	−26	0	−42	−36
			4H	+45	0	+45	0	4h	0	−34	0	−42	−36
			5G	+74	+18	+74	+18	5g6g	−18	−60	−18	−85	−54
			5H	+56	0	+56	0	5h4h	0	−42	0	−42	−36
			—	—	—	—	—	5h6h	0	−42	0	−67	−36

【解　説】

　公差グレードは，めねじの内径・有効径とおねじの外径・有効径に対して，公差の大きさを数字（例えば，4，5，6，7，8など）で示します．**公差位置**は，基準線（基準寸法）に対する公差域の位置をアルファベット（めねじはG及びH，おねじはe，f，g，h）で示します．したがって，めねじの**公差域クラス**は6G，6H，おねじの**公差域クラス**は6f，6gというように示されます．

　一般用として使用される呼び径が1～64 mmまでのめねじとおねじの許容限界寸法をわざわざ計算することなく，ねじの呼びからめねじの有効径と内径，おねじの外径と有効径の最大値と最小値が読み取れるように，JIS B 0209-2 ［一般用メートルねじ－公差－第2部：一般用おねじ及びめねじの許容限界寸法－中（はめあい区分）］には，はめあい区分（中）の数値表があります．

　この数値表に記載されていないおねじ及びめねじの許容限界寸法を求めるには，JIS B 0209-3（一般用メートルねじ－公差－第3部：構造体用ねじの寸法許容差）に規定された寸法許容差を用いて計算します．

05 ねじの幾何公差と偏差を知る

ねじの幾何公差と偏差は，JIS B 1021（締結用部品の公差－第1部）などに規定されています。

【規定内容】

　ねじ部品は，ねじ部とねじ部以外の部分に対して公差が必要です。ねじ部は公差域クラスを決めると寸法公差が指定されますが，ねじ部以外の寸法公差と幾何公差については，**部品等級**によって指定することになります。

　ただし，ねじ部品のJISによっては，日本独自の製品を附属書の形式で規定しています。これらは寸法公差と幾何公差を含めて規定しており，部品等級という公差の指示をしていません。**部品等級**によって指示された寸法公差と幾何公差は，JIS B 1021（締結用部品の公差－第1部：ボルト，ねじ，植込みボルト及びナット－部品等級A，B及びC）並びにJIS B 1022（締結用部品の公差－第3部：ボルト，小ねじ及びナット用の平座金－部品等級A及びC）に規定されています。

　寸法公差は，2点間の距離を測った長さの上の寸法許容差と下の寸法許容差との差です。真の形状及び位置からのずれの大きさを**幾何偏差**といい，許容できる幾何偏差の範囲を**幾何公差**といいます。幾何公差は，基準とした軸や面の形体（**データム**という）に対する位置度，真直度，振れなどで表します。

　例えば，六角頭や十字穴の駆動部とボルトの軸部との位置の偏心を抑えるために，ねじの外径円筒の軸線をデータムとして位置度で指示します。

　幾何公差にMという記号が付いた指示は，形体の最大実体状態を表しています。加工寸法が軸なら最大許容寸法に仕上がった状態，穴なら最小許容寸法に仕上がった状態における公差のことなので，公差域が変動することを規定されています。この指示があると変動分が加工上有利に働き，製造コストの低減につながると理解してください。

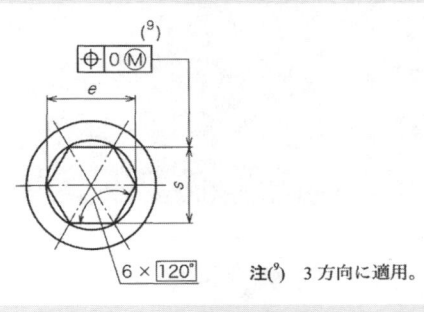

内部形体(JIS B 1021)

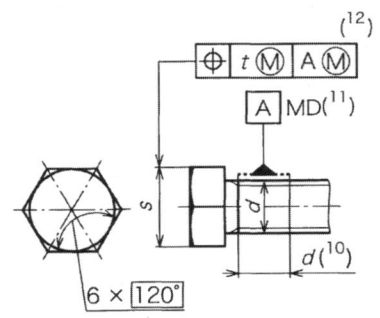

注(^{10}) データム A は、できるだけ頭部座面の近くにとり、座面からの距離は 0.5 d 以下とする。また、すべて円筒部にあるか、すべてねじ部にあるようにし、ねじの切終わり部及び首下丸み部を含ませない。
(^{11}) MD は、公差がねじの外径円筒の軸線に対して与えられるということを意味する (**JIS B 0021** 参照)。
(^{12}) 3 方向に適用。

位置度公差(JIS B 1021)

【解　説】

　幾何公差は、曲がり、偏心、位置ずれといった表現を、真直度、振れ、位置度という幾何学的な表現にしたものです。しかし、この幾何公差の図面指示がなかなか浸透しないのは、検査の仕方が難しいというのが一番の理由です。形状の測定は、寸法のように 2 点間の距離を測ればすむわけではないことから、限りなく無限に近い点の連続を見るために機能ゲージが必要です。

　場合によっては、投影機や形状測定機という高価な測定機械で検証する必要があります。機能ゲージを作成して検査すれば手ごろですが、寸法が異なるごとにゲージを製作する手間を省くことはできません。これは、ねじの呼び径ごとにねじゲージを備えるのと一緒ですから、必要な機能ゲージは備えてほしいものです。

chapter 1 ● 25

06 ねじのはめあいを知る

ねじのはめあいは，JIS B 0209-1（一般用メートルねじ－公差－第1部：原則及び基礎データ）に規定されています。

【規定内容】

はめあいは，おねじとめねじとが互いに接触し，はまり合っている状態のことをいい，このはめあい部分を軸線方向に測った長さが**はめあい長さ**となります。はめあい長さは，短い（S），並（N），長い（L）の三つの種類に区分します。はめあい長さは，標準ボルトの製造のようにねじの実際のはめあい長さがわからない場合には，区分 N が推奨されます。

例えば，呼び径が 3 mm 以下では，S は 2～3 ピッチ，N は 2.5～7 ピッチ，L は 7～8 ピッチのはめあい長さとなり，呼び径が 10 mm 位では，S は 3～4 ピッチ，N は 3～9 ピッチ，L は 9～10 ピッチのはめあい長さとなります。

はめあい長さ（JIS B 0209-1）

単位 mm

呼び径 D, d		ピッチ P	はめあい長さ			
			S	N		L
を超え	以下		以下	を超え	以下	を超え
0.99	1.4	0.2	0.5	0.5	1.4	1.4
		0.25	0.6	0.6	1.7	1.7
		0.3	0.7	0.7	2	2
1.4	2.8	0.2	0.5	0.5	1.5	1.5
		0.25	0.6	0.6	1.9	1.9
		0.35	0.8	0.8	2.6	2.6
		0.4	1	1	3	3
		0.45	1.3	1.3	3.8	3.8
2.8	5.6	0.35	1	1	3	3
		0.5	1.5	1.5	4.5	4.5
		0.6	1.7	1.7	5	5
		0.7	2	2	6	6
		0.75	2.2	2.2	6.7	6.7
		0.8	2.5	2.5	7.5	7.5
5.6	11.2	0.75	2.4	2.4	7.1	7.1
		1	3	3	9	9
		1.25	4	4	12	12

さらに，ゲージ及び製造工具の数を少なくするために，おねじとめねじとの組合せを推奨する公差域クラスを決定するために使用されるはめあい区分の選択基準を精，中，粗の三つに規定しています。精は，小さいはめあいの変動量を必要とする精密ねじ用，中は，一般用です。また，粗は，熱間圧延棒や深い止まり穴にねじ加工をする場合のように，製造上，困難が起こり得る場合に選択します。

　このはめあい長さとはめあい区分の組合せによって，**ねじの公差域クラス**を決定することになります。

推奨するめねじの公差域クラス（JIS B 0209-1）

はめあい区分	公差位置 G			公差位置 H		
	S	N	L	S	N	L
精	—	—	—	4H	5H	6H
中	(5G)	**6G**	(7G)	**5H**	**6H**	**7H**
粗	—	(7G)	(8G)	—	7H	8H

推奨するめねじの公差域クラス（JIS B 0209-1）

はめあい区分	公差位置 e			公差位置 f			公差位置 g			公差位置 h		
	S	N	L	S	N	L	S	N	L	S	N	L
精	—	—	—	—	—	—	—	(4g)	(5g4g)	(3h4h)	**4h**	(5h4h)
中	—	**6e**	(7e6e)	—	**6f**	—	(5g6g)	**6g**	(7g6g)	(5h6h)	6h	(7h6h)
粗	—	(8e)	(9e8e)	—	—	—	—	8g	(9g8g)	—	—	—

【解　説】

　はめあいの程度は，ねじ込みやすさ，めっき皮膜の厚さの要求に対応して決定します。したがって，おねじとめねじとのすき間が大きければ，はめあいが粗くなり，精密なねじには不向きです。

　また，呼び径が小さくピッチも細かいねじでは，はめあい長さが短くなるので寸法公差も小さくして，精密な加工を施さなければならないことになります。したがって，はめあいは寸法公差を決定する因子となります。

07 ねじの強度を知る

ねじの強度は，JIS B 1051（炭素鋼及び合金鋼製締結用部品の機械的性質−第1部）などに規定されています。

【規定内容】

炭素鋼及び合金鋼製の**おねじ部品の強度**は，JIS B 1051（炭素鋼及び合金鋼製締結用部品の機械的性質−第1部：ボルト，ねじ及び植込みボルト），**めねじ部品の強度**は，JIS B 1052-2（締結用部品の機械的性質−第2部：保証荷重値規定ナット−並目ねじ）と JIS B 1052-6（締結用部品の機械的性質−第6部：保証荷重値規定ナット−細目ねじ）に規定されています。ステンレス鋼製の**おねじ部品の強度**は JIS B 1054-1（耐食ステンレス鋼製締結用部品の機械的性質−第1部 ボルト，ねじ及び植込みボルト）に，めねじ部品の強度は JIS B 1054-2（耐食ステンレス鋼製締結用部品の機械的性質−第2部：ナット）に規定されています。

炭素鋼及び合金鋼製のボルト，小ねじ及び植込みボルトの**強度区分**は，記号で 3.6，4.6，4.8，5.6，5.8，6.8，8.8，9.8，10.9，12.9 の 10 種類に区分されています。この強度区分の記号の意味は，"."の前の数字が引張強さを表す数字の 1/100 の値を示し，後の数字が下降伏点(又は 0.2% 耐力)の呼びを呼び引張強さで除した降伏応力比の値の 10 倍の値を示します。例えば，4.6 は呼び引張強さが 400 N/mm^2 で下降伏点の呼びが 240 N/mm^2 であることを示し，10.9 は呼び引張強さが 1000 N/mm^2 で 0.2% 耐力の呼びが 900 N/mm^2 であるという意味となります。

めねじ部品のナットの**強度区分**は，組み合わせるボルトに応じて並目ねじで 4，5，6，8，9，10，12 の 7 種類，細目ねじで 5，6，8，10，12 の 5 種類，低ナットで 04，05 の 2 種類があります。この強度区分の記号の意味は，組み合わせて使用できるボルトの最高の強度区分を示す数字を規定されています。例えば，4 はボルトの強度区分 3.6，4.6，4.8 のボルトに，8 はボルトの強度区分 8.8 までのボルトに使用できることを意味しています。

ステンレス鋼製のボルト，小ねじ及び植込みボルトの強度区分は，オーステナイト系の鋼種区分 A1，A2，A3，A4，A5 のそれぞれに強度区分 50，70，80 の 3 種類が規定されています。また，マルテンサイト系の鋼種区分 C1 で強度区分 50，70，110 の 3 種類，鋼種区分 C3 で強度区分 80 の 1 種類，鋼種区分 C4 で

強度区分 50, 70 の 2 種類, フェライト系の鋼種区分 F1 で強度区分 45, 60 の 2 種類が規定されています。

ボルト,ねじ及び植込みボルトの機械的及び物理的性質 (JIS B 1051)

5.項の番号	機械的又は物理的性質			強度区分									
				3.6	4.6	4.8	5.6	5.8	6.8	8.8[11] $d \leq 16$ mm[13]	8.8 $d > 16$ mm[13]	9.8[12]	10.9	12.9
5.1	呼び引張強さ $R_{m, nom}$		N/mm²	300	400		500		600	800	800	900	1 000	1 200
5.2	最小引張強さ $R_{m, min}$[13]		N/mm²	330	400	420	500	520	600	800	830	900	1 040	1 220
5.3	ビッカース硬さ HV $F \geq 98N$		最小	95	120	130	155	160	190	250	255	290	320	385
			最大			220[16]			250	320	335	360	380	435
5.4	ブリネル硬さ HB $F = 30D^2/0.102$		最小	90	114	124	147	152	181	238	242	276	304	366
			最大			209[16]			238	304	318	342	361	414
5.5	ロックウェル硬さ	最小	HRB	52	67	71	79	82	89	—	—	—	—	—
			HRC							22	23	28	32	39
		最大	HRB			95.0[16]			99.5	—	—	—	—	—
			HRC							32	34	37	39	44
5.6	表面硬さ HV0.3		最大			—					[17]			
5.7	下降伏点 R_{eL}[18] N/mm²		呼び	180	240	320	300	400	480	—	—	—	—	—
			最小	190	240	340	300	420	480					
5.8	0.2 %耐力 $R_{p0.2}$[19] N/mm²		呼び	—	—	—	—	—	—	640	640	720	900	1 080
			最小							640	660	720	940	1 100
5.9	保証荷重応力 S_p	S_p/R_{eL} 又は $S_p/R_{p0.2}$		0.94	0.94	0.91	0.93	0.90	0.92	0.91	0.91	0.90	0.88	0.88
		N/mm²		180	225	310	280	380	440	580	600	650	830	970
5.10	破壊トルク M_B N・m		最小			—				JIS B 1058による。				
5.11	破断伸び A %		最小	25	22	—	20	—	—	12	12	10	9	8
5.12	絞り Z %		最小			—				52		48	48	44
5.13	くさび引張りの強さ[15]					5.2に示す引張強さの最小値より小さくてはならない。								
5.14	衝撃強さ KU J		最小	—	—	25	—	—	—	30	30	25	20	15
5.15	頭部打撃強さ					破壊してはならない。								
5.16	ねじ山の非脱炭部の高さ E		最小			—				$1/2H_1$			$2/3H_1$	$3/4H_1$
	完全脱炭部の深さ G mm		最大			—						0.015		
5.17	再焼戻し後の硬さ					—				ビッカース硬さの値で20ポイント以上低下してはならない。				
5.18	表面状態					JIS B 1041及びJIS B 1043による。								

注[11] 強度区分8.8で$d \leq 16$ mmのボルトを,ボルトの保証荷重応力を超えて過度に締め付けた場合には,ナットのねじ山がせん断破壊を起こす危険性がある(JIS B 1052 附属書1参照)。
[12] 強度区分9.8は,ねじの呼び径16 mm以下のものだけに適用する。
[13] 強度区分8.8の鋼構造用ボルトに対しては,ねじの呼び径12 mmで区分する。
[14] 最小の引張強さは,呼び長さ2.5d以上のものに適用し,呼び長さ2.5d未満のもの又は引張試験ができないもの(例えば,特殊な頭部形状のもの)には,最小の硬さを適用する。
[15] 製品の状態で行う試験の引張荷重には,最小引張強さ$R_{m,min}$を基に計算した表6及び表8の値を用いる。
[16] ボルト,ねじ及び植込みボルトのねじ部先端面の硬さは,250 HV, 238 HB又は99.5 HRB以下とする。
[17] 強度区分8.8~12.9の製品の表面硬さは,内部の硬さよりも,ビッカース硬さHV 0.3の値で30ポイントを超える差があってはならない。ただし,強度区分10.9の製品の表面硬さは,390 HVを超えてはならない。
[18] 下降伏点R_{eL}の測定ができないものは,0.2 %耐力$R_{p0.2}$を適用する。強度区分4.8, 5.8及び6.8に対するR_{eL}の値は,計算のためだけのものであって,試験のための値ではない。
[19] 強度区分の表し方に従う降伏応力比及び最小の0.2 %耐力$R_{p0.2}$は,削出試験片による試験に適用するものであって,製品そのものによる試験で,これらの値を求めようとすると製品の製造方法又はねじの呼び径の大きさなどが原因で,この値が変わることがある。

呼び高さが 0.8d 以上のナット（並目ねじ）の強度区分（JIS B 1052-2）

ナットの強度区分	組み合わせるボルト		ナット	
	強度区分	ねじの呼び範囲	スタイル1	スタイル2
			ねじの呼び範囲	
4	3.6, 4.6, 4.8	＞M16	＞M16	―
5	3.6, 4.6, 4.8 5.6, 5.8	≦M39 ≦M39	≦M39	―
6	6.8	≦M39	≦M39	―
8	8.8	≦M39	≦M39	＞M16 ≦M39
9	9.8	≦M16	―	≦M16
10	10.9	≦M39	≦M39	―
12	12.9	≦M39	≦M16	≦M39

注記　一般に，高い強度区分に属するナットは，それより低い強度区分のナットの代わりに使用することができる。ボルトの降伏応力又は保証荷重応力を超えるようなボルト・ナットの締結には，この表の組合せより高い強度区分のナットの使用を推奨する。

呼び高さが 0.8d 以上のナット（細目ねじ）の強度区分（JIS B 1052-6）

ナットの強度区分	組み合わせるボルト		ナット	
	強度区分	ねじの呼び径範囲 mm	スタイル1	スタイル2
			ねじの呼び径範囲　mm	
5	3.6, 4.6, 4.8 5.6, 5.8	d≦39	d≦39	―
6	6.8	d≦39	d≦39	―
8	8.8	d≦39	d≦39	d＞16
10	10.9	d≦39	d≦16	d≦39
12	12.9	d≦16	―	d≦16

注記　一般に，高い強度区分に属するナットは，それより低い強度区分のナットの代わりに使用することができる。ボルトの降伏応力又は保証荷重応力を超えるようなボルト・ナットの締結には，この表の組合せより高い強度区分のナットの使用を推奨する。

　ステンレス鋼製のナットの強度区分は，オーステナイト系の鋼種区分 A1，A2，A3，A4，A5 のそれぞれにスタイル1ナットで強度区分 50，70，80 の3種類，低ナットで強度区分 025，035，040 の3種類があります。また，マルテンサイト系の鋼種区分 C1 のスタイル1ナットで強度区分 50，70，110 の3種

類，低ナットで強度区分 025, 035, 055 の 3 種類があり，鋼種区分 C3 のスタイル 1 で強度区分 80 の 1 種類，低ナットで 040 の 1 種類があり，鋼種区分 C4 のスタイル 1 で強度区分 50, 70 の 2 種類，低ナットで強度区分 025, 035 の 2 種類，フェライト系の鋼種区分 F1 のスタイル 1 で強度区分 45, 60 の 2 種類，低ナットで強度区分 020, 030 の 2 種類が決められています。

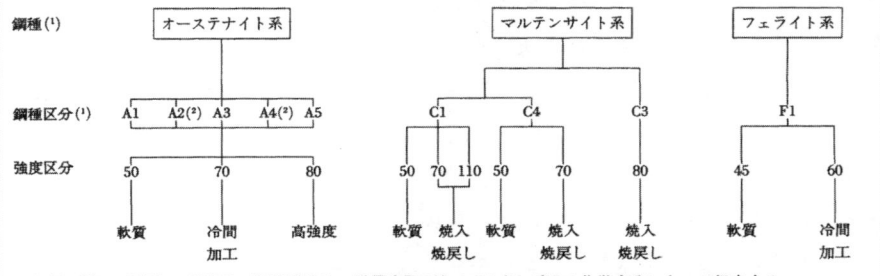

ボルト，ねじ及び植込みボルトの強度区分に対する呼び方の体系（JIS B 1054-1）

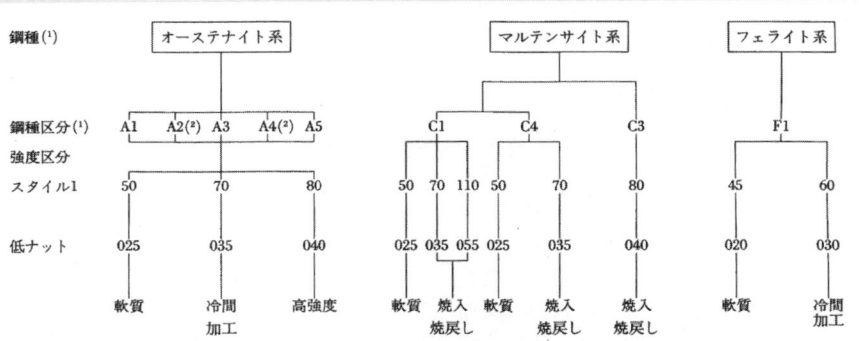

ナットの強度区分に対する呼び方の体系（JIS B1054-2）

【解　説】

　おねじ部品の強度は，締付け力と結合する部材の強度に加え，締結体が外力を受けて破壊を起こさない締結設計にとって不可欠です。どのような条件で何を結合するかによって，使用するねじが変わってきます。

　ねじの種類，ねじの呼び，材料，成形方法によって強度も一つではなく，さまざまな強度をもたせることができます。例えば，ねじの成形方法によって，切削加工したものは材料の強度を反映します。また，転造加工したものは冷間加工による加工硬化で強度が上がり，さらに熱処理加工を行えば強度が増したねじができます。

　ボルト・ナット締結におけるナットの選択では，ねじを締め付けすぎた場合，ボルトの軸部が破断を起こすか，ボルトのねじ山のせん断破壊やナットのねじ山がせん断破壊を起こすことがあることから注意が必要です。

　このようなねじ山のせん断破壊を起こすことなく，ボルトの破断が起こるようにナットの強度区分を選択する必要があります。

▼**One Point Column**　**数値の丸め方**

　標準数は、ルナール数ともいわれ、フランスの軍人のシャルル・ルナールが考えた気球のロープの太さを整理するために考えた等比数列（隣り合う数値の比が一定になる数列）のことです。

　数値の丸め方は、いわゆる四捨五入とは少し異なります。丸めようとする数値が5で、それ以下が0であるとき、丸める数値の一つ前の数値が0，2，4，6，8の場合は、切り捨て，1，3，7，9の場合は切り上げるものです。当然、丸める数値が4以下なら切り捨て、6以上なら切り上げることになります。意外と知られていない標準数。詳しくは、JIS Z 8601（標準数），JIS Z 8401（数値の丸め方）を参照ください。

One Point Column◢

08 ねじの表面処理を知る

ねじの表面処理は，JIS B 1044（締結用部品－電気めっき）などに規定されています。

【規定内容】

ねじ部品の表面に発生するさびを防ぐために表面処理を施します。一般的なねじの表面処理は，JIS B 1044（締結用部品－電気めっき），JIS B 1048（締結用部品－溶融亜鉛めっき），JIS B 1046（締結用部品－非電解処理による亜鉛フレーク皮膜）に規定されています。

電気めっきは，めっき前後の寸法要求事項，水素脆化除去，皮膜厚さなどがJIS B 1044（締結用部品－電気めっき）に規定されています。また，めっき後のねじは，おねじの公差位置 h，めねじの公差位置 H の通りねじゲージを用いて検査することの規定があります。そのため，めっき前のねじは，おねじに対しては公差位置 g, f 及び e，めねじに対しては公差位置 G となっています。水素脆化除去は，心部又は表面硬さが 320HV を超えている場合，製造工程にベーキングの導入を要求しています。皮膜厚さは，3 μm ～ 30 μm の範囲で9種類の呼び厚さの規定があります。

皮膜厚さ（JIS B 1044）

単位 μm

呼び皮膜厚さ	有効皮膜厚さ		
	局部厚さ[1]	バッチ平均厚さ[2]	
	最小	最小	最大
3	3	3	5
5	5	4	6
8	8	7	10
10	10	9	12
12	12	11	15
15	15	14	18
20	20	18	23
25	25	23	28
30	30	27	35

注[1] 局部厚さの測定は，10.1を参照。
　[2] バッチ平均厚さの測定は，10.2を参照。

バッチ平均厚さを測定する場合，呼び長さ $l > 5d$ のねじ部品には，表1で規定するより小さい呼び厚さを適用する（表2参照）。

溶融亜鉛めっきは，めっき処理の手順及び予防処置，寸法公差の要求，皮膜厚さなどが JIS B 1048（締結用部品－溶融亜鉛めっき）に規定されています。また，めっき前の洗浄，めっき温度，ベーキング，後処理，40 μm 以上の皮膜厚さに対する特別な寸法要求事項，めっき部品の組立時の要求事項と予防処置などの規定があります。

亜鉛フレーク皮膜処理は，皮膜処理される間に部品に吸収される水素の発生がないことを基本的特性として，最大皮膜厚さ (30 μm 以下) に対する寸法要求事項，皮膜の品質評価の耐食性試験などが，JIS B 1046（締結用部品－非電解処理による亜鉛フレーク皮膜）に規定されています。

メートルねじに対する皮膜厚さの理論上の上限値（JIS B 1046）

ピッチ P	呼び径[1] d （並目ねじ）	めねじ 公差位置 G 基礎となる寸法許容差	めねじ 公差位置 G 皮膜厚さ 最大	おねじ 公差位置 g 基礎となる寸法許容差	おねじ 公差位置 g 皮膜厚さ 最大	おねじ 公差位置 f 基礎となる寸法許容差	おねじ 公差位置 f 皮膜厚さ 最大	おねじ 公差位置 e 基礎となる寸法許容差	おねじ 公差位置 e 皮膜厚さ 最大
mm	mm	μm	μm	μm	μm	μm	μm	μm	μm
0.2		+17	4	−17	4				
0.25	1 ; 1.2	+18	4	−18	4				
0.3	1.4	+18	4	−18	4				
0.35	1.5 ; 1.8	+19	4	−19	4	−34	8		
0.4	2	+19	4	−19	4	−34	8		
0.45	2.5 ; 2.2	+20	5	−20	5	−35	8		
0.5	3	+20	5	−20	5	−36	9	−50	12
0.6	3.5	+21	5	−21	5	−36	9	−53	13
0.7	4	+22	5	−22	5	−38	9	−56	14
0.75	4.5	+22	5	−22	5	−38	9	−56	14
0.8	5	+24	6	−24	6	−38	9	−60	15
1	6 ; 7	+26	6	−26	6	−40	10	−60	15
1.25	8	+28	7	−28	7	−42	10	−63	15
1.5	10	+32	8	−32	8	−45	11	−67	16
1.75	12	+34	8	−34	8	−48	12	−71	17
2	16 ; 14	+38	9	−38	9	−52	13	−71	17
2.5	20 ; 18 ; 22	+42	10	−42	10	−58	14	−80	20
3	24 ; 27 ;	+48	12	−48	12	−63	15	−85	21
3.5	30 ; 33	+53	13	−53	13	−70	17	−90	22
4	36 ; 39	+60	15	−60	15	−75	18	−95	23
4.5	42 ; 45	+63	15	−63	15	−80	20	−100	25
5	48 ; 52	+71	17	−71	17	−85	21	−106	26
5.5	56 ; 60	+75	18	−75	18	−90	22	−112	28
6	64	+80	20	−80	20	−95	23	−118	29

注[1] 便宜上，並目ねじの呼び径を示している。値を決定する特性は，ねじのピッチである。
備考 皮膜の厚さの理論上の上限値は，それぞれのねじの公差の上限（おねじ）又は下限（めねじ）のねじ寸法を基礎として計算したものである。

【解 説】

　通常，鉄鋼生地の表面に形成されためっきの**皮膜厚さ**によって耐食性能が左右されます。皮膜が厚ければ耐食性が向上することにはなりますが，締結機能面からは，厚い皮膜を許容するために特別な寸法公差が要求されますので注意が必要です。

　おねじとめねじの引っかかり率が減少することへの十分な配慮です。皮膜厚さの違いをみると，溶融亜鉛めっきでは 40 μm 以上，電気めっきでは 3〜30 μm，亜鉛フレーク皮膜では 4〜10 μm といわれます。したがって，風雨にさらされる屋外では，溶融亜鉛めっき処理を施したねじが使われ，屋内使用や自動車・機械・電機などの内部で使うねじには，電気めっきや亜鉛フレーク皮膜処理が施されます。

　ねじの表面処理で気をつけることは，めっき処理過程で発生する水素ぜい化の危険があることです。**水素ぜい化**は，水素原子が金属中に侵入して亀裂，割れ，破壊を起こす危険であり，合金鋼や高強度鋼に発生しやすい現象です。この水素ぜい化を防止するために，めっき処理後に直ちに**ベーキング**という水素除去処理が必要です。

　ステンレス鋼でもさびがあるので，このさびを防ぐことで最大の耐食性をもたせるために，不動態化処理を行います。これは**パッシベート処理**ともいわれ，ステンレス鋼を製造するときに，薄いクロム酸化皮膜が生成されることに注目して，0.002 μm という薄膜を化学的処理によって生成させ，耐食性を格段に増すことができる表面処理です。

09 ねじの呼び方と表し方を知る

ねじの呼び方と表し方は，JIS B 0123（ねじの表し方），JIS B 1010（締結用部品の呼び方）に規定されています。

【規定内容】

ねじの表し方は，"ねじの呼び－ねじの等級－ねじ山の巻き方向"で構成します。

ねじの呼びは，**ピッチ**をミリメートルで表すねじの場合には，ねじの種類を表す記号－ねじの呼び径を表す数字及びピッチ－で表します。ピッチを山数で表すねじの場合には，ねじの種類を表す記号－ねじの直径を表す数字及び山数－で表します。

メートルねじの場合は，Mの種類記号に続けてねじの呼び径を表す数字を組み合わせます。並目ねじはM8，M10，細目ねじはM8×1，M10×1.25のようにねじの呼びを表します。並目ねじはピッチが1種類なのでピッチを示さなくてもよいことになっています。しかし，細目ねじはピッチの寸法が並目ねじよりも小さく，呼び径によっては複数のピッチが規定されていますので，ピッチを合わせて示します。

ユニファイねじの場合は，ねじの直径を表す数字又は番号に続けて山数とねじの種類を表す記号を組み合わせて表します。並目ねじは"3/8 － 16UNC"，細目ねじは"3/8 － 24UNF"と表します。

ねじの等級は，メートルねじの場合は公差域クラスを用いますが，ユニファイねじでは等級区分が用いられます。メートル並目ねじは，M8で公差域クラス6gのおねじの場合は"M8 － 6g"と表し，メートル細目ねじはM10×1.25で公差域クラス6Hのめねじの場合は"M10×1.25 － 6H"と表します。

JISの製品の呼び方は，"製品の名称－当該JIS番号－対応ISO規格番号（製品仕様がISOと一致している場合）－ねじの呼び，呼び径，外径など－呼び長さ－（必要がある場合）ねじ部長さ，製品の種類，強度区分，部品等級"などとしています。

ねじの種類を表す記号及びねじの呼びの表し方の例（JIS B 0123）

区分	ねじの種類		ねじの種類を表す記号	ねじの呼びの表し方の例	引用規格
ピッチをmmで表すねじ	メートル並目ねじ		M	M8	JIS B 0205
	メートル細目ねじ			M8×1	JIS B 0207
	ミニチュアねじ		S	S0.5	JIS B 0201
	メートル台形ねじ		Tr	Tr10×2	JIS B 0216
ピッチを山数で表すねじ	管用テーパねじ	テーパおねじ	R	R³/₄	JIS B 0203
		テーパめねじ	Rc	Rc³/₄	
		平行めねじ	Rp	Rp³/₄	
	管用平行ねじ		G	G¹/₂	JIS B 0202
	ユニファイ並目ねじ		UNC	³/₈－16UNC	JIS B 0206
	ユニファイ細目ねじ		UNF	No.8－36UNF	JIS B 0208

ねじの等級の表し方（JIS B 0123）

区分	ねじの種類	めねじ・おねじの別		ねじの等級の表し方の例	引用規格
ピッチをmmで表すねじ	メートルねじ	めねじ	有効径と内径の等級が同じ場合	6H	JIS B 0215
		おねじ	有効径と外径の等級が同じ場合	6g	
			有効径と外径の等級が異なる場合	5g 6g	
		めねじとおねじとを組み合わせたもの		6H/5g 5H/5g 6g	
	ミニチュアねじ	めねじ		3G6	JIS B 0201
		おねじ		5h3	
		めねじとおねじとを組み合わせたもの		3G6/5h3	
	メートル台形ねじ	めねじ		7H	JIS B 0217
		おねじ		7e	
		めねじとおねじとを組み合わせたもの		7H/7e	
ピッチを山数で表すねじ	管用平行ねじ	おねじ		A	JIS B 0202
	ユニファイねじ	めねじ		2B	JIS B 0210
		おねじ		2A	JIS B 0212

chapter 1　37

3. 例

3.1 JIS B 1180 の呼び径六角ボルト（並目ねじ）で，ねじの呼び d＝M12，呼び長さ l＝80 mm，強度区分 8.8 の場合：

　　呼び径六角ボルト　　JIS B 1180 － ISO 4014 － M12 × 80 － 8.8

3.2 JIS B 1180 の全ねじ六角ボルト（細目ねじ）で，ねじの呼び d＝M12，ねじのピッチ P＝1.5，呼び長さ l＝100 mm，強度区分 10.9 の場合：

　　全ねじ六角ボルト　　JIS B 1180 － ISO 8676 － M12 × 1.5×100 － 10.9

3.3 JIS B 1180 の呼び径六角ボルト（並目ねじ）で，ねじの呼び d＝M12，呼び長さ l＝80 mm，強度区分 8.8 で，JIS B 1044 による電気めっき（A2P）を施す場合：

　　呼び径六角ボルト　　JIS B 1180 － ISO 4014 － M12 × 80 － 8.8 － A2P

3.4 JIS B 1181 の六角ナット－スタイル 1（並目ねじ）で，ねじの呼び d＝M12，強度区分 8 の場合：

　　六角ナット－スタイル 1　　JIS B 1181 － ISO 4032 － M12 － 8

3.5 JIS B 1181 の六角低ナット－面取りなしで，ねじの呼び d＝M6，最小硬さ 110 HV の鋼製（St）の場合：

　　六角低ナット－面取りなし　　JIS B 1181 － ISO 4036 － M6 － St

3.6 JIS B 1122 の十字穴付きなベタッピンねじで，ねじの呼び ST3.5，呼び長さ l＝16 mm，ねじ先 C 形，十字穴 Z 形の場合：

　　十字穴付きなベタッピンねじ　　JIS B 1122 － ISO 7049 － ST3.5×16 － C － Z

3.7 JIS B 1356 の熱処理を施さない平行ピンで，呼び径 d＝6 mm，円筒部直径の許容差 m6，呼び長さ l＝30 mm，種類 A，鋼製（St）の場合：

　　平行ピン　　JIS B 1354 － ISO 2338 － 6 ×m6×30 － A － St

3.8 JIS B 1256 の並形面取り・部品等級 A の平座金で，呼び径 8 mm，硬さ区分 140 HV，鋼製の場合：

　　平座金－並形面取り　　JIS B 1256 － ISO 7090 － 8 － 140HV

締結用部品の呼び方－例示（JIS B 1010）

【解　説】

　ねじの呼び方と表し方は，生産，使用，取引で必要になります。情報の提供，意思の疎通など世界中のどこでもコミュニケーションにはなくてはならない事柄です。

10 ねじの図示方法を知る

ねじの図示方法は，JIS B 0002-1（製図－ねじ及びねじ部品－第1部：通則）などに規定されています。

【規定内容】

JIS B 0002-1（製図－ねじ及びねじ部品－第1部：通則）では，取扱説明書，刊行物などの技術文書において，単品又は組み立てられた部品の説明のために，ねじを側面から見た図又はその断面図の実形図示，通常図示，ねじ部品の指示及び寸法記入の方法が規定されています。

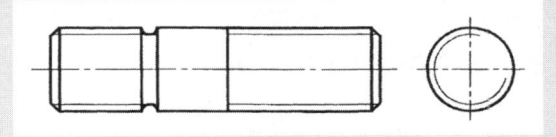

ねじの外観及び断面図（JIS B 0002-1）

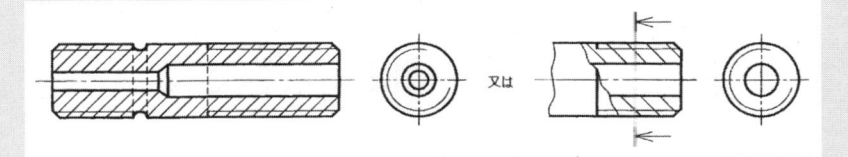

ねじの外観及び断面図（JIS B 0002-1）

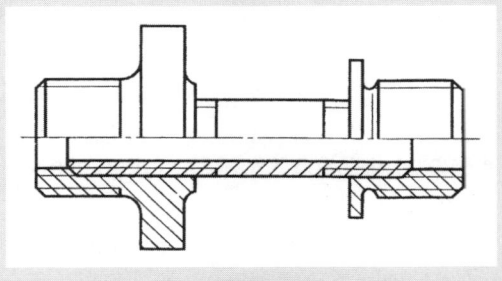

組み立てられたねじ部品（JIS B 0002-1）

chapter 1 ● 39

ねじインサートの実形図示，通常図示，簡略図示，表示及び寸法記入の方法は，JIS B 0002-2（製図—ねじ及びねじ部品—第2部：ねじインサート）に規定されています。

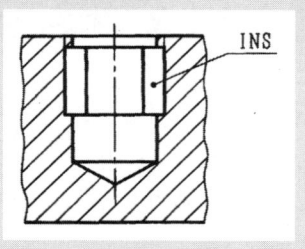

ねじインサートの輪郭（JIS B 0002-2）

　ねじインサートを除くねじ部品の簡略図示方法は，JIS B 0002-3（製図—ねじ及びねじ部品—第3部：簡略図示方法）に規定されています。

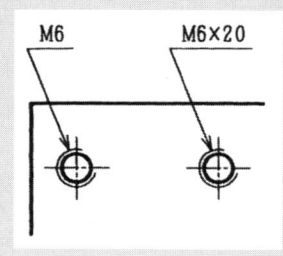

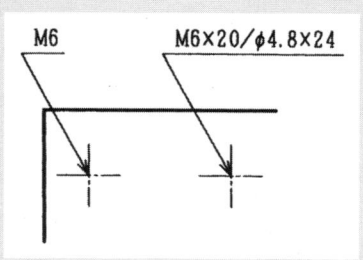

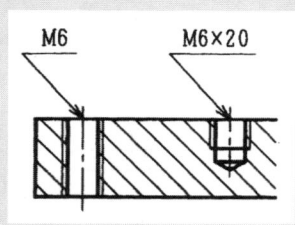

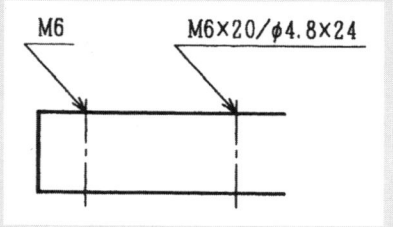

小径のねじの図示及び寸法記入（JIS B 0002-3）

【解　説】

図面を作成して必要とするねじを入手するためには，図面に正しい情報が書き込まれていなければなりません。製図はたとえ言語が違っていても，誰もが見て間違いのない書き方，表し方でないと，発注したとおりの製品にできあがりません。図面の作成には万国共通の規則がありますので，その規則を逸脱して書いては意思疎通がうまくいきません。

国によっては，例外的に言語で指示する情報や慣習的に使われている文字，記号の差異が多少含まれますが，国際ルールに従った表記を心がけるべきでしょう。

欧米各国と違って，日本が独自で慣習的に使っている代表例を以下に示します。

　① 投影図は一角法ではなく三角法で描く。
　② 小数点はカンマ","ではなくピリオド"."で表す。
　③ 45°面取りを示す記号を"C"で表す。

一般的な製図は，**機械製図**（JIS B 0001）に基づいて描けば間違いは起こりません。しかし，ねじ製図独特の表記としては，ねじの山の頂を示すおねじの外径及びめねじの内径を太い実線で示し，ねじの谷底を示すおねじの谷の径及びめねじの谷の径を細い実線で示すこと，不完全ねじ部又は逃げ溝を図示するなどがあります。

CHAPTER **2**
ねじの種類

■■■■■■■■■■■■

01 ねじ山の種類を知る・・・・・・・・・・・・・・・・・44
02 ねじの基準寸法の種類を知る・・・・・・・・・・・46
03 メートルねじの分類を知る・・・・・・・・・・・・・48
04 ユニファイねじの分類を知る・・・・・・・・・・・49
05 台形ねじの分類を知る・・・・・・・・・・・・・・・・52
06 ねじ部品の用途・種類を知る・・・・・・・・・・・54
07 ねじ部品の頭部の形状を知る・・・・・・・・・・・56
08 ねじの先端形状と表し方を知る・・・・・・・・・58
09 ねじ部品のねじ部長さを知る・・・・・・・・・・・61

01 ねじ山の種類を知る

ねじ山の種類は，JIS B 0205-1（一般用メートルねじ－第1部：基準山形）などに規定されています。

【規定内容】

時計，光学機器，電気機器，計測器などに用いる呼び径 0.3 〜 1.4 mm の**ミニチュアねじ**の基準山形，基準寸法は，JIS B 0201（ミニチュアねじ）に規定されています。

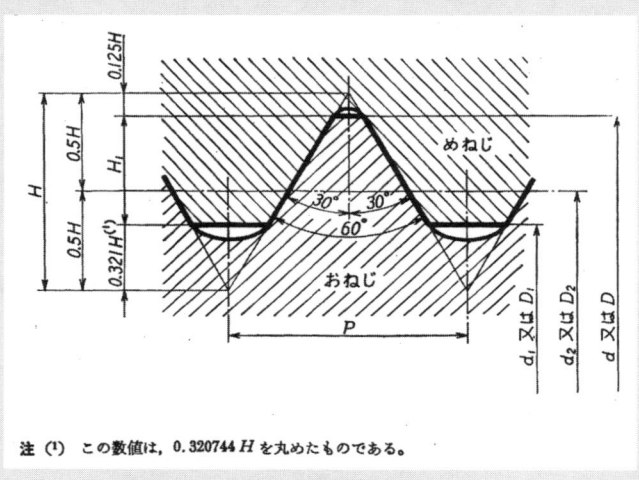

ミニチュアねじの基準山形（JIS B 0201）

管，管用部品，流体機器などの機械的接合に用いる**管用平行ねじ**（JIS B 0202），ねじ部の耐密性を必要とする**管用テーパねじ**（JIS B 0203）は，当該規格で**基準山形**，**基準寸法**などが規定されています。

一般用メートルねじのねじ山は，JIS B 0205-1（一般用メートルねじ－第1部：基準山形）に規定されています。詳細は，第1章（01）を参照してください。

ISO インチねじで航空機などに用いる**ユニファイねじの基準山形，基準寸法**は，JIS B 0206（ユニファイ並目ねじ）及び JIS B 0208（ユニファイ細目ねじ）に規定されています。

ISO **メートル台形ねじ**の基準山形，基準寸法は，JIS B 0216（メートル台形ねじ）に規定されています。
　一般的なねじ山の種類は，三角ねじであるメートルねじ，ユニファイねじ，ミニチュアねじなどですが，ねじ山の断面が正方形に近い角ねじ，非対称断面形ののこ歯ねじなどもあります。

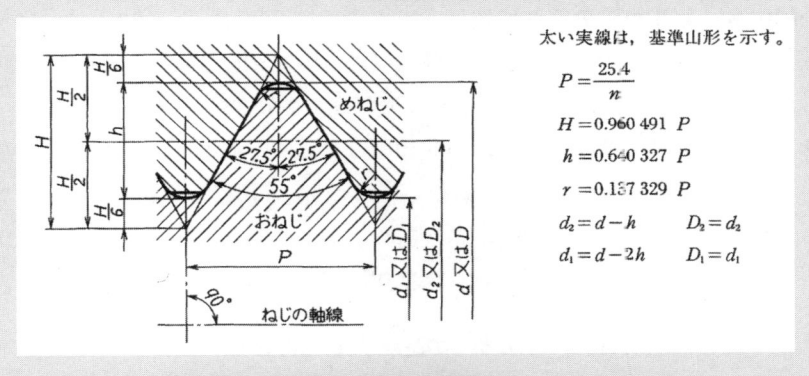

太い実線は，基準山形を示す。

$$P = \frac{25.4}{n}$$

$H = 0.960\,491\ P$

$h = 0.640\,327\ P$

$r = 0.137\,329\ P$

$d_2 = d - h \qquad D_2 = d_2$

$d_1 = d - 2h \qquad D_1 = d_1$

管用平行ねじの基準山形及び基準寸法（JIS B 0202）

【解　説】

　締結用ねじは三角ねじが基本になっていますが，ねじの種類によっては，ねじ山の形状がそれぞれに違うことがわかります。メートルねじもユニファイねじも山の角度が 60°で，とがり山の高さ H に対して，山の頂を $H/8$ の高さ分を切り取り，谷底を $H/4$ の高さ分を切り取った形状です。
　ミニチュアねじの場合は，山の角度が 60°で，山の頂を $0.125\,H$ 分を切り取り，谷底を $0.321\,H$ 分を切り取っています。メートル台形ねじの場合は，山の角度が 30°で，山の頂も谷底もピッチ線から $0.25\,P$ の高さで切り取っています。管用平行ねじの場合は，山の角度が 55°で，山の頂と谷底とを $H/6$ 分を切り取って丸みを付けています。

chapter 2

02 ねじの基準寸法の種類を知る

ねじの基準寸法の種類は，JIS B 0205-4（一般用メートルねじ－第4部：基準寸法）などに規定されています。

【規定内容】

一般用**メートルねじの基準寸法**は，ねじの呼びが1 mm〜300 mm，ピッチが0.2 mm〜8 mmの並目ねじと細目ねじについてJIS B 0205-4（一般用メートルねじ－第4部：基準寸法）で352種類が規定されています。

ユニファイねじの基準寸法は，ねじの呼びごとに，ねじ山数，ピッチ，ひっかかりの高さ，めねじの谷の径(おねじの外径)，有効径，めねじの内径(おねじの谷の径)について，JIS B 0206（ユニファイ並目ねじ）で33種類，JIS B 0208（ユニファイ細目ねじ）で24種類が規定されています。

一般用メートルねじの基準寸法（JIS B 0205-4）

単位 mm

呼び径 = おねじ外径 d	ピッチ P	有効径 D_2, d_2	めねじ内径 D_1	呼び径 = おねじ外径 d	ピッチ P	有効径 D_2, d_2	めねじ内径 D_1
1	0.25	0.838	0.729	3	0.5	2.675	2.459
	0.2	0.870	0.783		0.35	2.773	2.621
1.1	0.25	0.938	0.829	3.5	0.6	3.110	2.850
	0.2	0.970	0.883		0.35	3.273	3.121
1.2	0.25	1.038	0.929	4	0.7	3.545	3.242
	0.2	1.070	0.983		0.5	3.675	3.459
1.4	0.3	1.205	1.075	4.5	0.75	4.013	3.688
	0.2	1.270	1.183		0.5	4.175	3.959
1.6	0.35	1.373	1.221	5	0.8	4.480	4.134
	0.2	1.470	1.383		0.5	4.675	4.459
1.8	0.35	1.573	1.421	5.5	0.5	5.175	4.959
	0.2	1.670	1.583	6	1	5.350	4.917
2	0.4	1.740	1.567		0.75	5.513	5.188
	0.25	1.838	1.729	7	1	6.350	5.917
2.2	0.45	1.908	1.713		0.75	6.513	6.188
	0.25	2.038	1.929	8	1.25	7.188	6.647
2.5	0.45	2.208	2.013		1	7.350	6.917
	0.35	2.273	2.121		0.75	7.513	7.188
				9	1.25	8.188	7.647
					1	8.350	7.917
					0.75	8.513	8.188

参考　おねじ外径の基準寸法dは，めねじ谷の径の基準寸法Dに等しい。
　　　めねじ内径の基準寸法D_1は，おねじ谷の径の基準寸法d_1に等しい。

【解　説】

ねじ山の基準寸法は，おねじの外径，有効径，めねじの有効径，内径のそれぞれに寸法許容差が与えられる重要な基礎となる寸法です。

例えば，M8の並目ねじの公差域クラス6Hと6gの許容限界寸法を求めるには，JIS B 0205-4の基準寸法の表からM8のおねじ外径が8 mm，有効径が7.188 mm，めねじ内径が6.647 mmであることを確認して，JIS B 0209-3の表から6Hの公差域クラスでは，めねじの有効径の上の寸法許容差が+0.160 mm，下の寸法許容差が0 mm，内径の上の寸法許容差が+0.265 mm，下の寸法許容差が0 mmであることを確認します。

同様に6gの公差域クラスでは，おねじの有効径の上の寸法許容差が−0.028 mm，下の寸法許容差が−0.146 mm，外径の上の寸法許容差が−0.028 mm，下の寸法許容差が−0.240 mmであることを確認します。

M8のめねじの有効径が7.348 mm〜7.188 mm，内径が6.912 mm〜6.647 mmとなり，おねじの有効径が7.160 mm〜7.042 mm，外径が7.972 mm〜7.760 mmと求められます。

一般用メートルねじの場合は，基準寸法から寸法許容差を求める手順に従えばJISの寸法表を使ってねじ部の主要寸法を求めることができます。

▼ *One Point Column*　真直度や同軸度の単位

真直度や同軸度などの単位は，"ミリメートル"で表され，角度を表す"度"ではありません。以前は，直角度を軸線からの傾き（角度）で表していましたので，よく間違えて表現することがありますので注意が必要です。

JISでは，傾きを例えば，1°などと表現していますので，随時，見直す必要があります。

One Point Column ◢

03 メートルねじの分類を知る

メートルねじの分類は，JIS B 0205-2（一般用メートルねじ－第2部：全体系）に規定されています。

【規定内容】

メートルねじは，締結機能によって並目ねじと細目ねじに分類されます。並目ねじは一般的な用途に広く使われ，細目ねじは並目ねじより強い締結やゆるみ防止が必要な場合に使われます。

並目ねじと**細目ねじ**の呼び径とピッチの選択については，第1選択，第2選択，第3選択に分けて JIS B 0205-2（一般用メートルねじ－第2部：全体系）に規定されています。細目ねじのピッチは，並目ねじのピッチより小さい寸法で，呼び径によって1～5種類の寸法が規定されています。

一般用メートルねじの呼び径及びピッチの選択（JIS B 0205-2）

単位 mm

呼び径 D, d			並目	ピッチ P 細目									
1欄 第1選択	2欄 第2選択	3欄 第3選択		3	2	1.5	1.25	1	0.75	0.5	0.35	0.25	0.2
1	—	—	0.25										0.2
—	1.1	—	0.25										0.2
1.2	—	—	0.25										0.2
—	1.4	—	0.3										0.2
1.6	—	—	0.35										0.2
—	1.8	—	0.35										0.2
2	—	—	0.4									0.25	
—	2.2	—	0.45									0.25	
2.5	—	—	0.45								0.35		
3	—	—	0.5								0.35		
—	3.5	—	0.6								0.35		
4	—	—	0.7							0.5			
—	4.5	—	0.75							0.5			
5	—	—	0.8							0.5			
—	—	5.5	—							0.5			

【解　説】

ピッチをミリメートルで表すねじをメートルねじと呼び，メートル並目ねじとメートル細目ねじが使われています。

04 ユニファイねじの分類を知る

ユニファイねじの分類は，JIS B 0206（ユニファイ並目ねじ）などに規定されています。

【規定内容】

航空機など，特に必要な場合に限り用いる**ユニファイねじ**は，JIS B 0206（ユニファイ並目ねじ）及び JIS B 0208（ユニファイ細目ねじ）において，分類が規定されています。これらは **ISO インチねじ**といわれ，インチ単位をミリメートル単位に換算したものです。ユニファイねじのねじ山数は 1 インチ（25.4 mm）あたりの山数で表します。並目ねじは 64 山〜 4 山の 33 種類をねじの種類を表す UNC の記号を付け，細目ねじは 80 山〜 12 山の 24 種類をねじの種類を表す UNF の記号を付けて分類しています。

ユニファイ並目ねじの基準寸法（JIS B 0206）

単位 mm

ねじの呼び *			ねじ山数 (25.4mm)につき n	ピッチ P	ひっかかりの高さ H_1	めねじ 谷の径 D / おねじ 外径 d	めねじ 有効径 D_2 / おねじ 有効径 d_2	めねじ 内径 D_1 / おねじ 谷の径 d_1
1	2	（参考）		（参考）				
No. 2-56 UNC	No. 1-64 UNC	0.0730-64 UNC	64	0.3969	0.215	1.854	1.598	1.425
		0.0860-56 UNC	56	0.4536	0.246	2.184	1.890	1.694
	No. 3-48 UNC	0.0990-48 UNC	48	0.5292	0.286	2.515	2.172	1.941
No. 4-40 UNC		0.1120-40 UNC	40	0.6350	0.344	2.845	2.433	2.156
No. 5-40 UNC		0.1250-40 UNC	40	0.6350	0.344	3.175	2.764	2.487
No. 6-32 UNC		0.1380-32 UNC	32	0.7938	0.430	3.505	2.990	2.647
No. 8-32 UNC		0.1640-32 UNC	32	0.7938	0.430	4.166	3.650	3.307
No. 10-24 UNC		0.1900-24 UNC	24	1.0583	0.573	4.826	4.138	3.680
	No. 12-24 UNC	0.2160-24 UNC	24	1.0583	0.573	5.486	4.798	4.341
1/4-20 UNC		0.2500-20 UNC	20	1.2700	0.687	6.350	5.524	4.976
5/16-18 UNC		0.3125-18 UNC	18	1.4111	0.764	7.938	7.021	6.411
3/8-16 UNC		0.3750-16 UNC	16	1.5875	0.859	9.525	8.494	7.805
7/16-14 UNC		0.4375-14 UNC	14	1.8143	0.982	11.112	9.934	9.149
1/2-13 UNC		0.5000-13 UNC	13	1.9538	1.058	12.700	11.430	10.584
9/16-12 UNC		0.5625-12 UNC	12	2.1167	1.146	14.288	12.913	11.996
5/8-11 UNC		0.6250-11 UNC	11	2.3091	1.250	15.875	14.376	13.376
3/4-10 UNC		0.7500-10 UNC	10	2.5400	1.375	19.050	17.399	16.299
7/8- 9 UNC		0.8750- 9 UNC	9	2.8222	1.528	22.225	20.391	19.169
1 - 8 UNC		1.0000- 8 UNC	8	3.1750	1.719	25.400	23.338	21.963
1 1/8- 7 UNC		1.1250- 7 UNC	7	3.6286	1.964	28.575	26.218	24.648

chapter 2 ● 49

ユニファイ細目ねじの基準寸法 (JIS B 0208)

単位 mm

ねじの呼び*			ねじ山数 (25.4mmにつき) n	ピッチ P (参考)	ひっかかりの高さ H_1	めねじ		
1	2	(参考)				谷の径 D 外径 d	有効径 D_2 有効径 d_2	内径 D_1 谷の径 d_1
No. 0-80 UNF		0.0600-80 UNF	80	0.3175	0.172	1.524	1.318	1.181
	No. 1-72 UNF	0.0730-72 UNF	72	0.3528	0.191	1.854	1.626	1.473
No. 2-64 UNF		0.0860-64 UNF	64	0.3969	0.215	2.184	1.928	1.755
	No. 3-56 UNF	0.0990-56 UNF	56	0.4536	0.246	2.515	2.220	2.024
No. 4-48 UNF		0.1120-48 UNF	48	0.5292	0.286	2.845	2.502	2.271
No. 5-44 UNF		0.1250-44 UNF	44	0.5773	0.312	3.175	2.799	2.550
No. 6-40 UNF		0.1380-40 UNF	40	0.6350	0.344	3.505	3.094	2.817
No. 8-36 UNF		0.1640-36 UNF	36	0.7056	0.382	4.166	3.708	3.401
No. 10-32 UNF		0.1900-32 UNF	32	0.7938	0.430	4.826	4.310	3.967
	No. 12-28 UNF	0.2160-28 UNF	28	0.9071	0.491	5.486	4.897	4.503
1/4 -28 UNF		0.2500-28 UNF	28	0.9071	0.491	6.350	5.761	5.367
5/16 -24 UNF		0.3125-24 UNF	24	1.0583	0.573	7.938	7.249	6.792
3/8 -24 UNF		0.3750-24 UNF	24	1.0583	0.573	9.525	8.837	8.379
7/16 -20 UNF		0.4375-20 UNF	20	1.2700	0.687	11.112	10.287	9.738
1/2 -20 UNF		0.5000-20 UNF	20	1.2700	0.687	12.700	11.874	11.326
9/16 -18 UNF		0.5625-18 UNF	18	1.4111	0.764	14.288	13.371	12.761
5/8 -18 UNF		0.6250-18 UNF	18	1.4111	0.764	15.875	14.958	14.348
3/4 -16 UNF		0.7500-16 UNF	16	1.5875	0.859	19.050	18.019	17.330
7/8 -14 UNF		0.8750-14 UNF	14	1.8143	0.982	22.225	21.046	20.262
1 -12 UNF		1.0000-12 UNF	12	2.1167	1.146	25.400	24.026	23.109
1 1/8 -12 UNF		1.1250-12 UNF	12	2.1167	1.146	28.575	27.201	26.284
1 1/4 -12 UNF		1.2500-12 UNF	12	2.1167	1.146	31.750	30.376	29.459
1 3/8 -12 UNF		1.3750-12 UNF	12	2.1167	1.146	34.925	33.551	32.634
1 1/2 -12 UNF		1.5000-12 UNF	12	2.1167	1.146	38.100	36.726	35.809

注 * 1欄を優先的に，必要に応じて2欄を選ぶ．参考欄に示すものは，ねじの呼びを十進式で示したものである．

　ねじの等級は，めねじに対しては3B，2B及び1B，おねじに対しては3A，2A及び1Aとして，JIS B 0210（ユニファイ並目ねじの許容限界寸法及び公差）及びJIS B 0212（ユニファイ細目ねじの許容限界寸法及び公差）で許容限界寸法及び公差が規定されています．この数値は，ANSI B 1.1 a-1968（Unified Screw Threads – Metric Translation）と一致しています．

【解 説】

ユニファイねじの呼びは，ねじの直径を表す数字又は番号，山数及びねじの種類を表す記号を組み合わせて表します。記号又は数字で表す呼び径は，No.10 は 4.826 mm，1/4 は 6.350 mm，3/8 は 9.525 mm，1/2 は 12.700 mm，5/8 は 15.875 mm，3/4 mm は 19.050 mm，7/8 は 22.225 mm という具合です。

コンピュータ利用のために，呼び径を No.10 は 0.1900，1/4 は 0.2500，3/8 は 0.3750 のようにインチ単位の数字で表す方法が用いられることがあります。基準山形がメートルねじと同じですから基準寸法の算出は，メートルねじの公式のピッチ（P）を 25.4 mm あたりのねじ山数（n）とすればよいのです。

2.2 公 式 基準寸法の算出に用いる公式は，次による。

$$P = \frac{25.4}{n} \qquad H = \frac{0.866025}{n} \times 25.4 \qquad d = (d) \times 25.4 \qquad D = d$$

$$H_1 = \frac{0.541266}{n} \times 25.4 \qquad d_2 = \left(d - \frac{0.649519}{n}\right) \times 25.4 \qquad D_2 = d_2$$

$$d_1 = \left(d - \frac{1.082532}{n}\right) \times 25.4 \qquad D_1 = d_1$$

ここに　n：25.4 mm についてのねじ山数

備　考　かっこの中の数値は，0.0001 インチの位に丸めたインチの単位とする。

基準寸法の算出に用いる公式（JIS B 0206）

05 台形ねじの分類を知る

台形ねじの分類は，JIS B 0216（**メートル台形ねじ**）などに規定されています。

【規定内容】

　ねじ山の角度が 30°の**メートル台形ねじ**（Tr）は，呼び径とピッチとの組合せ，基準山形，基準寸法が，JIS B 0216（メートル台形ねじ）に規定されています。なお，公差方式は，JIS B 0217（メートル台形ねじ公差方式），許容限界寸法は，JIS B 0218（メートル台形ねじの許容限界寸法及び公差）に規定されています。

メートル台形ねじの呼び径とピッチとの組合せ（JIS B 0216）

単位 mm

呼び径(1)			ピッチ(2)																			
1欄	2欄	3欄	44	40	36	32	28	24	22	20	18	16	14	12	10	9	8	7	6	5	4	3	2	1.5
8																								1.5
	9																						2	1.5
10																							2	1.5
	11																						3	2	
12																							3	2	
	14																						3	2	
16																				4			2	
	18																			4			2	
20																				4			2	
	22																8			5		3		
24																	8			5		3		
	26																8			5		3		
28																	8			5		3		
	30															10			6			3		
32																10			6			3		
	34															10			6			3		
36																10			6			3		
	38															10			7			3		
40																10			7			3		
	42															10			7			3		
44															12				7			3		
	46															12		8				3		
48																12		8				3		
	50															12		8				3		
52															12			8				3		
	55													14			9					3		
60														14			9					3		
		65											16			10				4				

メートル台形ねじの基準寸法 (JIS B 0216)

単位 mm

ねじの呼び(3)	ピッチ P	ひっかかりの高さ H_1	めねじ 谷の径 D / おねじ 外径 d	めねじ 有効径 D_2 / おねじ 有効径 d_2	めねじ 内径 D_1 / おねじ 谷の径 d_1
Tr 8× 1.5	1.5	0.75	8.000	7.250	6.500
Tr 9× 2	2	1	9.000	8.000	7.000
Tr 9× 1.5	1.5	0.75	9.000	8.250	7.500
Tr 10× 2	2	1	10.000	9.000	8.000
Tr 10× 1.5	1.5	0.75	10.000	9.250	8.500
Tr 11× 3	3	1.5	11.000	9.500	8.000
Tr 11× 2	2	1	11.000	10.000	9.000
Tr 12× 3	3	1.5	12.000	10.500	9.000
Tr 12× 2	2	1	12.000	11.000	10.000
Tr 14× 3	3	1.5	14.000	12.500	11.000
Tr 14× 2	2	1	14.000	13.000	12.000
Tr 16× 4	4	2	16.000	14.000	12.000
Tr 16× 2	2	1	16.000	15.000	14.000
Tr 18× 4	4	2	18.000	16.000	14.000
Tr 18× 2	2	1	18.000	17.000	16.000
Tr 20× 4	4	2	20.000	18.000	16.000
Tr 20× 2	2	1	20.000	19.000	18.000
Tr 22× 8	8	4	22.000	18.000	14.000
Tr 22× 5	5	2.5	22.000	19.500	17.000
Tr 22× 3	3	1.5	22.000	20.500	19.000
Tr 24× 8	8	4	24.000	20.000	16.000
Tr 24× 5	5	2.5	24.000	21.500	19.000
Tr 24× 3	3	1.5	24.000	22.500	21.000
Tr 26× 8	8	4	26.000	22.000	18.000
Tr 26× 5	5	2.5	26.000	23.500	21.000
Tr 26× 3	3	1.5	26.000	24.500	23.000

【解　説】

　台形ねじには，メートル台形ねじとねじ山の角度が 29°のインチ系台形ねじとがあります。日本では 29°台形ねじが使われていましたが，ISO で山の角度が 30°のメートル台形ねじが決められたのに合わせて切り替えられました。いまだに 29°台形ねじが使われている分野がありますから注意が必要です。

06 ねじ部品の用途・種類を知る

ねじ部品の用途・種類は，JIS B 1111（十字穴付き小ねじ）などに規定されています。

【規定内容】

締結用ねじには多くの種類がありますが，市場で入手しやすい代表的な一般用ねじ部品が JIS に規定されています。

家庭での使用から機械・電気製品など，広範な分野で用いられる鋼製，ステンレス鋼製及び非鉄金属(銅，銅合金，アルミニウム合金)製の**十字穴付き小ねじ**の形状・寸法は，JIS B 1111（十字穴付き小ねじ）に規定されています。

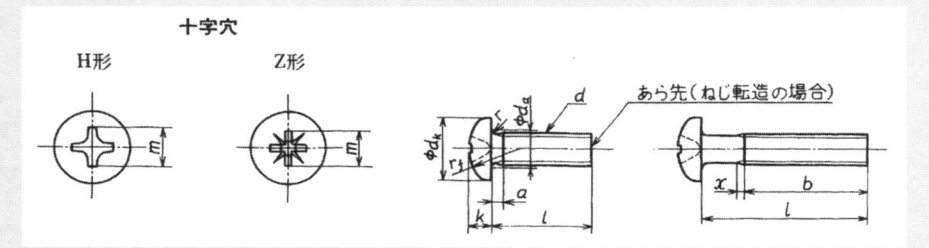

十字穴付きなべ小ねじの形状（JIS B 1111）

引張力によって締結するおねじ部品とは異なり，圧縮力を利用して機械部品の固定や位置決めに使用する**すりわり付き止めねじ**の硬さ，形状・寸法は，JIS B 1117（すりわり付き止めねじ）に規定されています。

木材の固定に使う鋼製，ステンレス鋼製及び黄銅製**十字穴付き木ねじ**の呼び径が 2.1 〜 9.5 mm の形状・寸法は，JIS B 1112（十字穴付き木ねじ）に規定されています。

薄鋼板，形鋼などに直接ねじ込み，部材を固定する**十字穴付きタッピンねじ**の形状・寸法，機械的性質などは，JIS B 1122（十字穴付きタッピンねじ）に規定されています。

六角棒スパナを頭部の六角穴に差し込んで締め付けるものです。工作機械の組立てなどに多く使われる**六角穴付きボルト**の形状・寸法，機械的性質などは，JIS B 1176（六角穴付きボルト）に規定されています。

多くの産業分野で使う締結用ねじの代表格です。スパナ，レンチなどの締付け工具で容易に取付け・取外しができる**六角ボルト**の形状・寸法，機械的性質などは，JIS B 1180（六角ボルト）に規定されています。

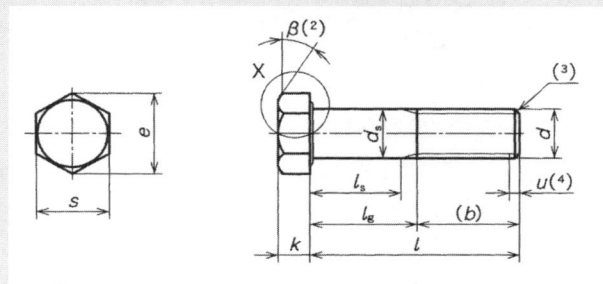

注(^{2}) $\beta = 15 \sim 30°$
(^{3}) ねじ先は，面取り先とする。ただし，M4 以下は，あら先でもよい（JIS B 1003 参照）。
(^{4}) 不完全ねじ部 $u \leq 2P$

六角ボルトの形状（JIS B 1180）

六角ボルトと対で用いられるめねじ部品として，ボルト・ナット締結の用途にはなくてはならない**六角ナット**の形状・寸法，機械的性質などは，JIS B 1181（六角ナット）に規定されています。

【解　説】

ねじの用途については，部品と部品，部材と部材とを結合するもっぱら締結用ねじを紹介しています。これらのねじ部品以外では，パイプとパイプとをつないで液体や気体の漏洩を防ぐ気密性をもたせた管用ねじ，液体や気体の流れを防止するねじプラグやねじ栓，右ねじと左ねじのめねじを両端にもたせて棒状の軸部を緊張させるターンバックル，回転運動を直線運動に変えて物を移動させたり，位置決めを行う送りねじ，小さな回転力で大きな力を発生させる動力用のねじなどがあります。

特定用途では，自転車ねじ，ミシンねじ，自動車のタイヤバルブ，消火栓の接続金具，油井管ねじ，電線管ねじ，電球の口金，レール用ねじくぎ，ボンベ・容器の接続口に設けられるねじなどがあります。

一般用締結ねじでも，精密機器用のミニチュアねじ，電気機器・情報機器に使われる呼び径が小さくピッチの細かい極小ねじなど多岐にわたります。

07 ねじ部品の頭部の形状を知る

ねじ部品の頭部の形状は、JIS B 1002（二面幅の寸法）などに規定されています。

【規定内容】

二面幅は、スパナ類で頭部を回すための六角頭及び六角穴の対辺距離の寸法です。六角ボルト、六角ナット、六角穴付き止めねじ及び六角穴付きボルトのねじの呼び径ごとの**二面幅の寸法**は、JIS B 1002（二面幅の寸法）に規定されています。

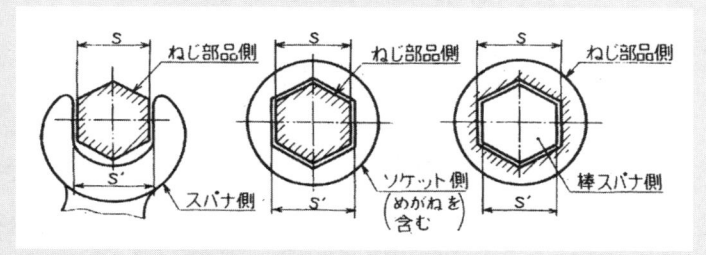

二面幅の寸法（JIS B 1002）

十字穴は、十字ドライバで回すために頭部に設けられた穴です。ねじの呼びM1.6以上のねじ部品にはH形とZ形、ねじの呼びM2以下又はM3以下の小頭にはS形の各形状・寸法は、JIS B 1012（ねじ用十字穴）に規定されています。

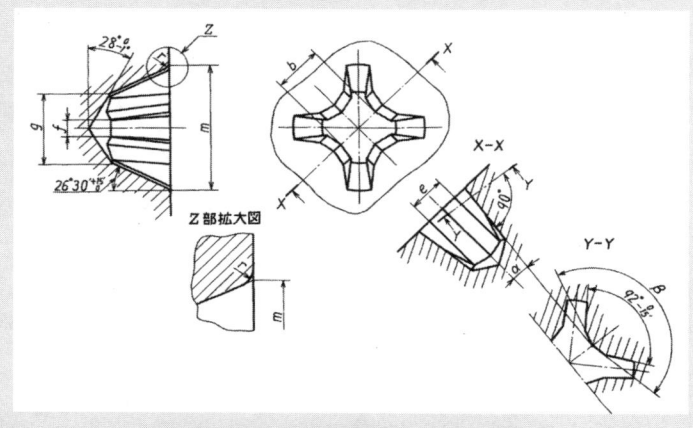

ねじ用H形十字穴の形状（JIS B 1012）

ねじの呼び M1.6 ～ M10 の皿頭形状及びその検査方法については，JIS B 1013（皿頭ねじ－頭部の形状及びゲージによる検査）に規定されています。

　ねじの呼び M1.6 ～ M10 の**皿頭ねじ**の十字穴のゲージ沈み深さの寸法及び首下形状については，JIS B 1014（皿頭ねじ－第２部　十字穴のゲージ沈み深さ）に規定されています。

　ヘクサロビュラ穴は，小ねじ及びボルトを回すために頭部に設けられた六角の花びら形の穴です。穴の番号ごとの形状・寸法及び検査方法は，JIS B 1015（おねじ部品用ヘクサロビュラ穴）に規定されています。

　六角穴は，六角棒スパナで回すために頭部に設けられた六角形の穴です。対辺と対角距離のゲージ寸法は，JIS B 1016（六角穴のゲージ検査）に規定されています。

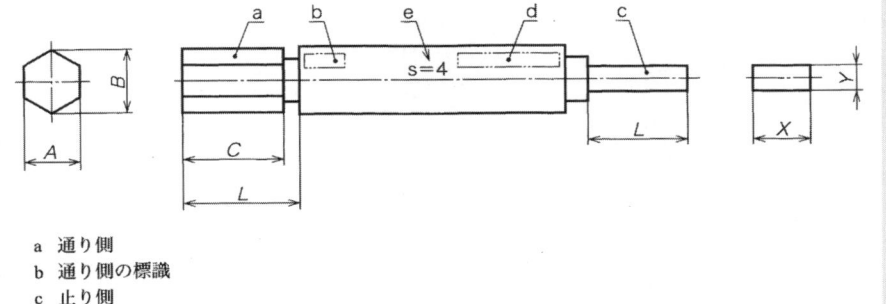

a　通り側
b　通り側の標識
c　止り側
d　止り側の標識
e　六角穴の呼び寸法（二面幅）

六角穴のゲージの形状（JIS B 1016）

【解　説】

　ねじの頭部には，スパナ，レンチなどの作業工具でねじを回す（駆動する）ために設けられた外側・内側の形や寸法があります。例えば，十字ねじ回しでねじを回すときに，駆動部が滑らないように形状の合った工具を使う必要があります。また，二面幅の寸法が大きめのスパナで六角部を回すと角がすり減って空回りをしてしまいます。このような締付けでは締結機能を損なうばかりか，後でねじを取り外すのに苦労することになります。決められた形状・寸法に成形されたねじを，その形状にあった作業工具で締結することが必要です。

chapter 2　●　57

08 ねじの先端形状と表し方を知る

ねじの先端形状と表し方は、JIS B 1003（締結用部品－メートルねじをもつおねじ部品のねじ先）などに規定。

【規定内容】

おねじ部品のねじ先の形状・寸法を呼び長さに含める場合のねじ先として、あら先、面取り先、丸先、平先、半棒先、棒先、全とがり先、とがり先、くぼみ先、切り刃先の10種類、呼び長さに含めない場合のねじ先として、パイロット平先、パイロットとがり先の2種類が、JIS B 1003（締結用部品－メートルねじをもつおねじ部品のねじ先）に規定されています。

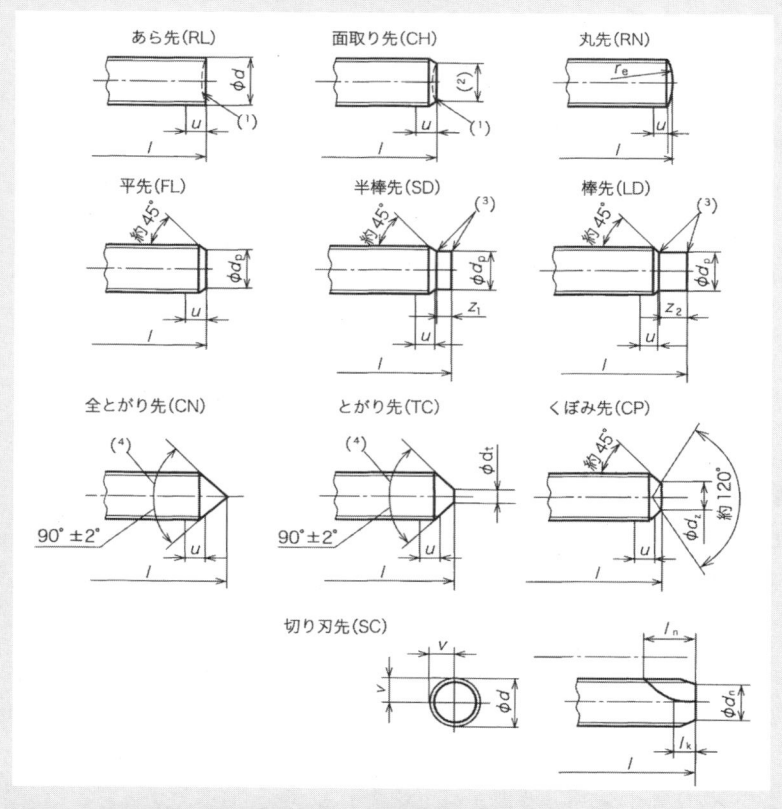

おねじ部品の呼び長さにねじ先の寸法を含める場合のねじ先（JIS B 1003）

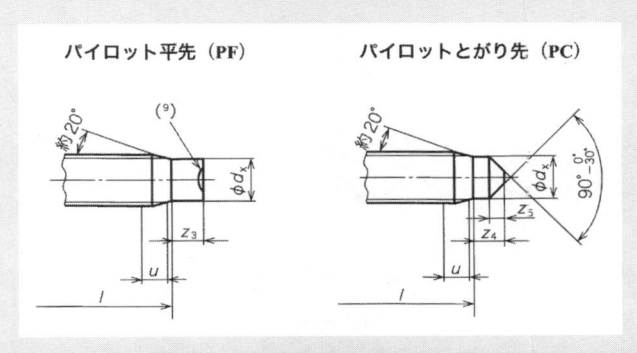

パイロット平先（PF）　　**パイロットとがり先（PC）**

おねじ部品の呼び長さにねじ先の寸法を含めない場合のねじ先（JIS B 1003）

　タッピンねじのねじ先は，JIS B 1007（タッピンねじのねじ部）に規定されています。C形，F形，R形の3種類があり，C形は先端が45°のとがり先，F形は先端が平，R形は丸みが付いています。

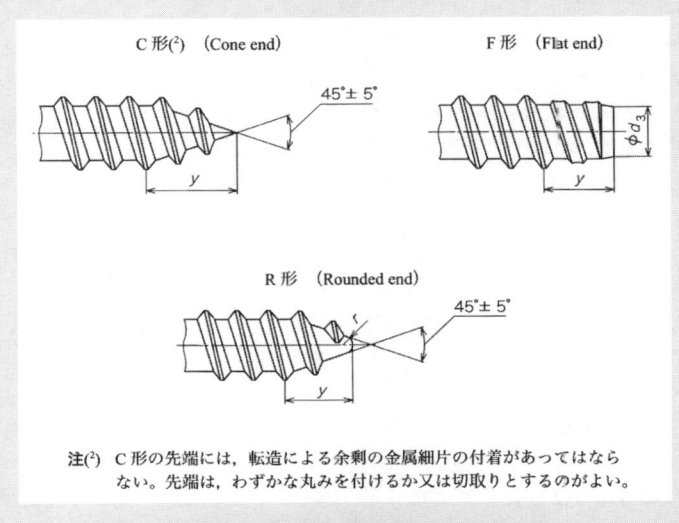

C形[2]　（Cone end）　　　F形　（Flat end）

R形　（Rounded end）

注[2]　C形の先端には，転造による余剰の金属細片の付着があってはならない。先端は，わずかな丸みを付けるか又は切取りとするのがよい。

タッピンねじのねじ先の形状（JIS B 1007）

【解　説】

　小ねじ，ボルト，止めねじのおねじ部品のねじ先は，あら先とするのが多いのですが，使用上から面取り先，丸先，平先などの形状を指定されることがあります。止めねじのねじ先は，平先，とがり先，棒先，くぼみ先，丸先とするのが一般的です。

　締結作業を効率化するためにねじ込みの案内をするパイロット先の指定も少なくありません。パイロット先以外の呼び長さは，ねじ先を含んだ長さです。しかし，パイロット先の呼び長さは，パイロット先の部分が呼び長さには含まれないので注意が必要です。タッピンねじのねじ先のテーパ部には，規定のねじ山が付いています。タッピンねじのねじ先は，下穴にめねじを成形していくために必要な役割をもつ部分になります。

▼One Point Column　ねじの規格統一

　メートルねじのねじ山形は，"三角形状だから，基準寸法を求めることは簡単"と思われますが実はそうでもないのです。ねじ山の角度は60°に統一されています。しかし，おねじとめねじが，とがり山同士だったら窮屈で成形するのに苦労します。また，はめ合わせるのにも難しい作業になってしまいます。やはり実用的に使うのであれば，ゆとりがないとうまくいきません。谷底の形状が，ねじ山の強度に影響してくるので簡単ではないということになります。

　ねじの基準寸法を世界的に統一するために，協定した寸法を決めることが提唱され，その母体として1946年（昭和21年）に非政府組織として国際標準化機構（ISO）がスイスに設立されました。それ以前にも世界各国の規格の統一を図る組織がありましたが，世界大戦によってその姿が変ぼうしていき，最終的にISOが担うことになったのです。

　ISOには，技術専門委員会（ISO/TC）が産業分野ごとに設けられています。ISOで最初に設けられたのがISO/TC 1（ねじ）という組織でした。TC 1は，ねじの基本を定める委員会ですが，ねじの部品やピン，リベットなど締結用部品の規格統一を担当する委員会が，次に設けられたISO/TC 2（締結用部品）という組織です。TC 1が各国による協議により決めたのが基準山形，基準寸法という国際規格です。ISOの基準寸法は，各国の産業技術の発展に貢献しています。

One Point Column◢

09 ねじ部品のねじ部長さを知る

ねじ部品のねじ部長さは，JIS B 1009（おねじ部品－呼び長さ及びボルトのねじ部長さ）に規定されています。

【規定内容】

ねじ部がない円筒部をもつボルトに対する**ねじ部長さ**（b）については，次に示す**ねじの呼び径**（d）の関数によって，JIS B 1009（おねじ部品－呼び長さ及びボルトのねじ部長さ）に規定されています。

　　呼び長さ（l）が 125 mm 以下の場合　　$b=2d+6$

　　呼び長さ（l）が 125 mm を超え 200 mm 以下の場合　$b=2d+12$

　　呼び長さ（l）が 200 mm を超える場合　　$b=2d+25$

ボルトのねじ部長さ（JIS B 1009）

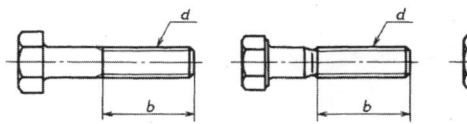

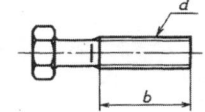

単位 mm

ねじの呼び径 (d)	呼び長さ (l) の区分			ねじの呼び径 (d)	呼び長さ (l) の区分			ねじの呼び径 (d)	呼び長さ (l) の区分		
	125以下	125を超え200以下	200を超えるもの		125以下	125を超え200以下	200を超えるもの		125以下	125を超え200以下	200を超えるもの
	ねじ部長さ (b)				ねじ部長さ (b)				ねじ部長さ (b)		
1.6	9	—	—	22	50	56	69	72	—	156	169
2	10	—	—	24	54	60	73	76	—	164	177
2.5	11	—	—	27	60	66	79	80	—	172	185
3	12	—	—	30	66	72	85	85	—	182	195
4	14	—	—	33	72	78	91	90	—	192	205
5	16	—	—	36	78	84	97	95	—	—	215
6	18	—	—	39	84	90	103	100	—	—	225
7	20	—	—	42	90	96	109	105	—	—	235
8	22	28	—	45	96	102	115	110	—	—	245
10	26	32	—	48	102	108	121	115	—	—	255
12	30	36	—	52	—	116	129	120	—	—	265
14	34	40	—	56	—	124	137	125	—	—	275
16	38	44	57	60	—	132	145	130	—	—	285
18	42	48	61	64	—	140	153	140	—	—	305
20	46	52	65	68	—	148	161	150	—	—	325

chapter 2

【解　説】

ねじ部は，円筒部をもつおねじ部品と全ねじ（軸部全体がねじ部で，円筒部がないもの）のおねじ部品とでは決め方が異なります。

JIS B 0101（ねじ用語）は，**円筒部をもつおねじ部品**の場合は，円筒部と完全ねじ部との境界にある不完全ねじ部はねじ部に含めず，ねじ先端部の不完全ねじ部はねじ部に含めるとしています。また，**全ねじのおねじ部品**の場合は，首下部及びねじ先端部にある不完全ねじ部はねじ部に含めるとしています。

おねじ部品の円筒部と完全ねじ部との境界部分の不完全ねじ部と，全ねじの首下部分の不完全ねじ部の長さは，JIS B 1006（締結用部品－一般用メートルねじをもつおねじ部品の不完全ねじ部長さ）に規定されています。

CHAPTER 3
ボルト

01　ボルトの分類を知る・・・・・・・・・・・・・・・・・・・・ 64
02　六角ボルトの種類を知る・・・・・・・・・・・・・・・・・ 66
03　六角ボルトの寸法を知る・・・・・・・・・・・・・・・・・ 68
04　六角ボルトの強度を知る・・・・・・・・・・・・・・・・・ 72
05　六角穴付きボルトの種類を知る・・・・・・・・・・・・ 74
06　六角穴付きボルトの寸法を知る・・・・・・・・・・・・ 76
07　六角穴付きボルトの強度を知る・・・・・・・・・・・・ 80
08　植込みボルトについて知る・・・・・・・・・・・・・・・ 82
09　基礎ボルトについて知る・・・・・・・・・・・・・・・・・ 84
10　その他のボルトについて知る・・・・・・・・・・・・・・ 86

01 ボルトの分類を知る

ボルトの分類は，JIS B 0101（ねじ用語）に規定されています。

【規定内容】

ボルトの分類は，用語とその定義がJIS B 0101（ねじ用語）に規定されており，ボルトは，一般にナットと組んで用いるおねじ部品の総称としています。ただし，ナットと組まないで用いる六角穴付きボルトも慣習的にボルトに分類しています。

頭部の形状によって，六角ボルト，四角ボルト，皿ボルト，角根丸頭ボルト，六角穴付きボルト，T溝ボルト，アイボルト，ちょうボルトなどがあります。頭部がないボルトには，両端にねじがある植込みボルト，一端を基礎に埋め込む基礎ボルトがあります。円筒部の形状・寸法によって，呼び径ボルト，有効径ボルト，全ねじボルト，伸びボルトなどに区分されます。

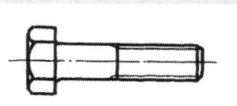

六角ボルト（JIS B 0101） 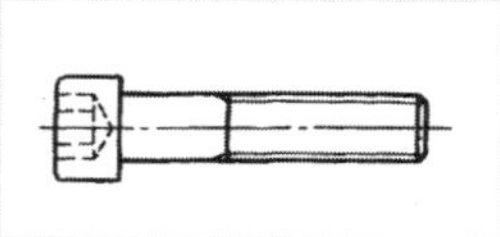　　六角穴付きボルト（JIS B 0101）

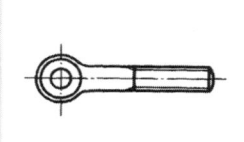

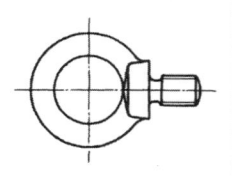

アイボルト（JIS B 0101） 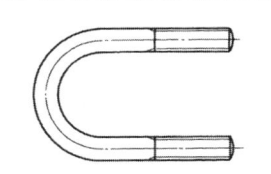　　Uボルト（JIS B 0101）

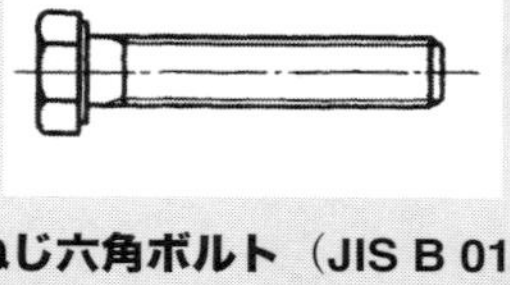

全ねじ六角ボルト（JIS B 0101） 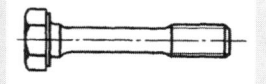　　六角伸びボルト（JIS B 0101）

【解　説】

　おねじ部品にはボルト，小ねじ，タッピンねじなどがあります。一般的にはボルトとねじとを区別して用いられることが少なく，なんとなく同じように用いることが多いのですが，用語の定義では分けられています。

　しかし，締結体の設計において，被締結材のめねじ部分におねじをねじ込んで締結するおねじ部品も，ボルト・ナット締結で使うおねじ部品も，ボルトの設計と呼んでいますので明確に使い分けるのが難しいです。

▼ One Point Column　寸法公差，寸法許容差，許容限界寸法

　寸法公差，寸法許容差，許容限界寸法という言葉の意味，使い分けを説明します。寸法公差は，上の寸法許容差と下の寸法許容差の差です。したがって，許容される寸法の範囲を示します。寸法公差は，正負の符号をもたない絶対値です。例えば，基準寸法を 10 mm とした場合，上の寸法許容差が 2 mm，下の寸法許容差が 0 mm とした場合，寸法公差は 2-0 = 2（mm）となります。

　寸法許容差には上と下があり，上と下で許容される寸法を許容限界寸法といいます。この場合の許容限界寸法の最小値は 10 mm，最大値は 12 mm になります。基準寸法が 10 mm，上の寸法許容差が−1 mm，下の寸法許容差が−3 mm とした場合の寸法公差は，−1−(−3) = 2（mm）となります。この場合も寸法公差は 2 mm と同様ですが，許容限界寸法の最小値は 7 mm，最大値は 9 mm になります。

　おねじとめねじは，はまり合いますので，基準寸法に対して，おねじは，小さく（軸が細く），めねじは，大きく（穴が大きく）なるような寸法許容差が決められます。

One Point Column ◢

02 六角ボルトの種類を知る

六角ボルトの種類は，JIS B 1180（六角ボルト）に規定されています。

【規定内容】

鋼製，ステンレス鋼製及び非鉄金属製の**六角ボルト**は，JIS B 1180（六角ボルト）に規定されています。種類は，次のようになっています。

六角ボルトの種類（JIS B 1180）

種類		部品等級	ねじの呼び径 d の範囲	対応国際規格（参考）
ボルト	ねじのピッチ			
呼び径六角ボルト	並目ねじ	A	$d=1.6\sim24$ mm。ただし，呼び長さ l が $10d$ 又は 150 mm([1]) 以下のもの。	ISO 4014:1999
		B	$d=1.6\sim24$ mm。ただし，呼び長さ l が $10d$ 又は 150 mm([1]) を超えるもの。	
			$d=27\sim64$ mm	
		C	$d=5\sim64$ mm	ISO 4016:1999
	細目ねじ	A	$d=8\sim24$ mm。ただし，呼び長さ l が $10d$ 又は 150 mm([1]) 以下のもの。	ISO 8765:1999
		B	$d=8\sim24$ mm。ただし，呼び長さ l が $10d$ 又は 150 mm([1]) を超えるもの。	
			$d=27\sim64$ mm	
全ねじ六角ボルト	並目ねじ	A	$d=1.6\sim24$ mm。ただし，呼び長さ l が $10d$ 又は 150 mm([1]) 以下のもの。	ISO 4017:1999
		B	$d=1.6\sim24$ mm。ただし，呼び長さ l が $10d$ 又は 150 mm([1]) を超えるもの。	
			$d=27\sim64$ mm	
		C	$d=5\sim64$ mm	ISO 4018:1999
	細目ねじ	A	$d=8\sim24$ mm。ただし，呼び長さ l が $10d$ 又は 150 mm([1]) 以下のもの。	ISO 8676:1999
		B	$d=8\sim24$ mm。ただし，呼び長さ l が $10d$ 又は 150 mm([1]) を超えるもの。	
			$d=27\sim64$ mm	
有効径六角ボルト	並目ねじ	B	$d=3\sim20$ mm	ISO 4015:1979

注([1]) いずれか短い方を適用する。

JIS B 1180 の附属書で決めている ISO によらない JIS 独自の六角ボルトは、次のようになっています。

六角ボルトの等級（JIS B 1180）

種類	材料による区分	等級		
		仕上げ程度(^{3})	ねじの公差域クラス(^{4})	機械的性質の強度区分(^{5})
六角ボルト	鋼（ねじの呼び径が 39 mm 以下の場合）	上, 中, 並	4h, 6g, 8g	4.6, 4.8, 5.6, 5.8 6.8, 8.8, 10.9
	鋼（ねじの呼び径が 42 mm 以上の場合）			—
	ステンレス鋼			
	非鉄金属			
小形六角ボルト	鋼	上, 中	4h, 6g, 8g	4.6, 4.8, 5.6, 5.8 6.8, 8.8, 10.9
	ステンレス鋼			—
	非鉄金属			

注(^{3}) 仕上げ程度は，9.参照。
　(^{4}) ねじの公差域クラスは，**JIS B 0205-4** 及び **JIS B 0209-1** による。
　　　なお，特に指定がない場合は，6g とする。
　(^{5}) 強度区分は **JIS B 1051** による。

【解　説】

円筒部の径がほぼねじの呼び径に等しい呼び径ボルト，円筒部の径がほぼねじの有効径に等しい有効径ボルト，軸部全体がねじ部で，円筒部をもたない全ねじボルトがあります。

附属書のボルトは，上，中，並の仕上げ程度の区分があります。二面幅，頭部の高さなどの寸法が国際規格に基づく本体規定のボルトと違っているので注意する必要があります。

03 六角ボルトの寸法を知る

六角ボルトの寸法は，JIS B 1180（六角ボルト）に規定されています。

【規定内容】

六角ボルトの寸法は，汎用的に使われる六角ボルトのねじの呼び径 1.6 mm 〜 64 mm までについて，頭部の対角距離と二面幅の寸法，頭部の高さ，円筒部の径と長さ，呼び長さなどの寸法について，部品等級ごとに規定されています。

呼び径六角ボルトの寸法の一部を以下に示します。

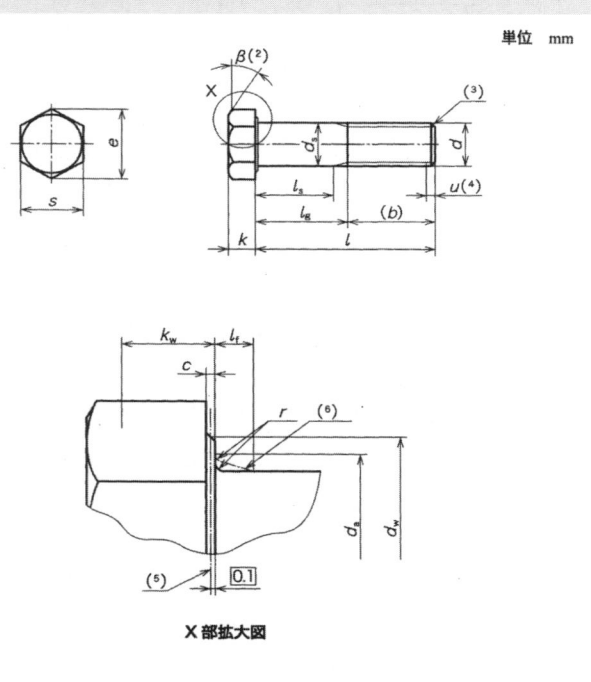

単位　mm

X部拡大図

注(^{2})　$\beta = 15 \sim 30°$
(^{3})　ねじ先は，面取り先とする。ただし，M4 以下は，あら先でもよい（JIS B 1003 参照）。
(^{4})　不完全ねじ部 $u \leqq 2P$
(^{5})　d_w に対する基準位置
(^{6})　首下丸み部最大
備考　寸法の呼び及び記号は，JIS B 0143 による。

呼び径六角ボルト―並目ねじ―部品等級 A 及び B（JIS B 1180）

呼び径六角ボルト―並目ねじ―
部品等級A及びB（第1選択）の寸法 (JIS B 1180)

単位 mm

ねじの呼び(d)				M1.6	M2	M2.5	M3	M4	M5	M6	M8	M10
P ([7])				0.35	0.4	0.45	0.5	0.7	0.8	1	1.25	1.5
b (参考)			([8])	9	10	11	12	14	16	18	22	26
			([9])	15	16	17	18	20	22	24	28	32
			([10])	28	29	30	31	33	35	37	41	45
c			最大	0.25	0.25	0.25	0.40	0.40	0.50	0.50	0.60	0.60
			最小	0.10	0.10	0.10	0.15	0.15	0.15	0.15	0.15	0.15
d_a			最大	2	2.6	3.1	3.6	4.7	5.7	6.8	9.2	11.2
d_s			基準寸法=最大	1.60	2.00	2.50	3.00	4.00	5.00	6.00	8.00	10.00
	部品等級	A	最小	1.46	1.86	2.36	2.86	3.82	4.82	5.82	7.78	9.78
		B	最小	1.35	1.75	2.25	2.75	3.70	4.70	5.70	7.64	9.64
d_w	部品等級	A	最小	2.27	3.07	4.07	4.57	5.88	6.88	8.88	11.63	14.63
		B	最小	2.3	2.95	3.95	4.45	5.74	6.74	8.74	11.47	14.47
e	部品等級	A	最小	3.41	4.32	5.45	6.01	7.66	8.79	11.05	14.38	17.77
		B	最小	3.28	4.18	5.31	5.88	7.50	8.63	10.89	14.20	17.59
l_f			最大	0.6	0.8	1	1	1.2	1.2	1.4	2	2
k			基準寸法	1.1	1.4	1.7	2	2.8	3.5	4	5.3	6.4
	部品等級	A	最大	1.225	1.525	1.825	2.125	2.925	3.65	4.15	5.45	6.58
			最小	0.975	1.275	1.575	1.875	2.675	3.35	3.85	5.15	6.22
		B	最大	1.3	1.6	1.9	2.2	3.0	3.26	4.24	5.54	6.69
			最小	0.9	1.2	1.5	1.8	2.6	2.35	3.76	5.06	6.11
k_w ([11])	部品等級	A	最小	0.68	0.89	1.10	1.31	1.87	2.35	2.70	3.61	4.35
		B	最小	0.63	0.84	1.05	1.26	1.82	2.28	2.63	3.54	4.28
r			最小	0.1	0.1	0.1	0.1	0.2	0.2	0.25	0.4	0.4
s			基準寸法=最大	3.20	4.00	5.00	5.50	7.00	8.00	10.00	13.00	16.00
	部品等級	A	最小	3.02	3.82	4.82	5.32	6.78	7.78	9.78	12.73	15.73
		B	最小	2.90	3.70	4.70	5.20	6.64	7.64	9.64	12.57	15.57

ISO によらない日本独自の六角ボルトの寸法は，本規格の附属書に次のとおり規定されています。

六角ボルト・上（JIS B 1180）

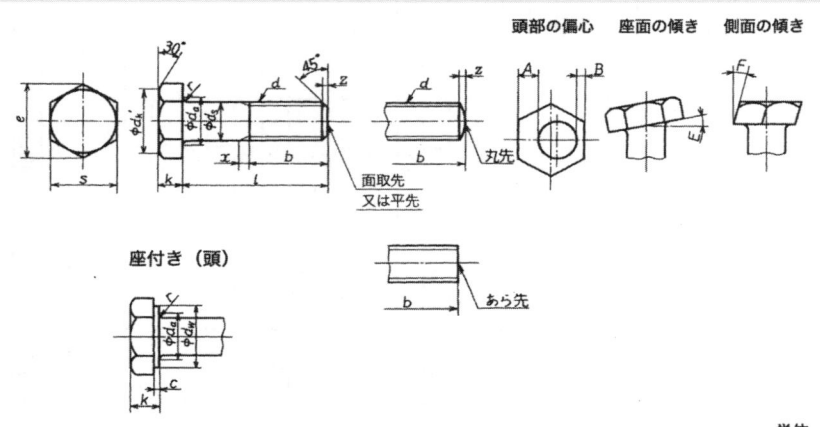

単位 mm

ねじの呼び (d)		d_s		k		s		e	d_k'	r	d_a	z	$A-B$	E 及び F
並目	細目	基準寸法	許容差	基準寸法	許容差	基準寸法	許容差	約	約	最小	最大	約	最大	最大
M3	—	3		2		5.5		6.4	5.3	0.1	3.6	0.6	0.2	
(M3.5)	—	3.5		2.4	±0.1	6		6.9	5.8	0.1	4.1	0.6	0.2	
M4	—	4	0 −0.1	2.8		7	0 −0.2	8.1	6.8	0.2	4.7	0.8	0.2	
M5	—	5		3.5		8		9.2	7.8	0.2	5.7	0.9	0.3	
M6	—	6		4	±0.15	10		11.5	9.8	0.25	6.8	1	0.3	
(M7)	—	7		5		11		12.7	10.7	0.25	7.8	1	0.3	
M8	M8×1	8	0 −0.15	5.5		13	0 −0.25	15	12.6	0.4	9.2	1.2	0.4	
M10	M10×1.25	10		7		17		19.6	16.5	0.4	11.2	1.5	0.5	
M12	M12×1.25	12		8		19		21.9	18	0.6	13.7	2	0.7	
(M14)	(M14×1.5)	14		9		22		25.4	21	0.6	15.7	2	0.7	
M16	M16×1.5	16		10		24	0 −0.35	27.7	23	0.6	17.7	2	0.8	
(M18)	(M18×1.5)	18	0 −0.2	12	±0.2	27		31.2	26	0.6	20.2	2.5	0.9	
M20	M20×1.5	20		13		30		34.6	29	0.8	22.4	2.5	0.9	
(M22)	(M22×1.5)	22		14		32		37	31	0.8	24.4	2.5	1.1	1°
M24	M24×2	24		15		36		41.6	34	0.8	26.4	3	1.2	
(M27)	(M27×2)	27		17		41	0 −0.4	47.3	39	1	30.4	3	1.3	
M30	M30×2	30		19		46		53.1	44	1	33.4	3.5	1.5	
(M33)	(M33×2)	33		21		50		57.7	48	1	36.4	3.5	1.6	
M36	M36×3	36		23		55		63.5	53	1	39.4	4	1.8	
(M39)	(M39×3)	39	0 −0.25	25	±0.25	60		69.3	57	1	42.4	4	2	
M42	—	42		26		65	0 −0.45	75	62	1.2	45.6	4.5	2.1	
(M45)	—	45		28		70		80.8	67	1.2	48.6	4.5	2.3	
M48	—	48		30		75		86.5	72	1.6	52.6	5	2.4	
(M52)	—	52		33		80		92.4	77	1.6	56.6	5	2.6	
M56	—	56	0 −0.3	35	±0.3	85		98.1	82	2	63	5.5	2.8	
(M60)	—	60		38		90	0 −0.55	104	87	2	67	5.5	3	
M64	—	64		40		95		110	92	2	71	6	3	

【解　説】
　頭部の寸法は締付け工具や座面の接触面積と関係があります。軸部の寸法は，締結部の強度設計やボルト穴径に関係があることから，どの寸法の六角ボルトを選択するかの重要事項となります。
　本体の寸法規定では，座付き（c）が一般的ですが，附属書の寸法規定では，座なしが一般的としていますので，この違いに注意が必要です。
　また，コスト面からの入手の容易さも関係します。このように寸法決定は，締結設計，締結作業の両面から行うことになります。

▼ One Point Column　真円度

　真円度の判定についての議論です。
　被測定物が楕円，おむすび形，星形などの場合，2点測定，3点測定など，限りなく多くの箇所を測る必要があります。ある事例の場合，いずれも指定寸法以内に収まっていたのですが，組立不良が跡を絶ちません。軸と穴との関係は，はめあいが機能上要求されていたので，はめあい部分の寸法を厳密に管理していました。
　軸も穴も寸法測定では合格であるにもかかわらず，組立不良になるのはなぜでしようか。要因を調べた結果，軸と穴の形状の相性が悪いことによるとの結論に至りました。寸法だけではこの相性の良し悪しが分からなかったのです。二業的には，真円度より円筒度が一般的なことから，ゲージで検査することで相性が容易に判定できます。
　幾何公差の導入は，競争力を高める技術力のバロメータでもあります。

One Point Column ◢

04 六角ボルトの強度を知る

六角ボルトの強度は，JIS B 1180（六角ボルト）に規定されています。

【規定内容】

六角ボルトの強度は，JIS B 1180（六角ボルト）に規定された呼び径六角ボルト－並目ねじ－部品等級A及びB，部品等級Cの各製品仕様に規定されています。

呼び径六角ボルト－並目ねじ－部品等級A及びBの製品仕様（JIS B 1180）

材料			鋼	ステンレス鋼	非鉄金属
ねじ	公差域クラス		6g		
	適用規格		JIS B 0205-4, JIS B 0209-1		
機械的性質	強度区分[14]		$d<3$ mm：受渡当事者間の協定 3 mm$\leq d \leq$39 mm： 5.6, 8.8, 9.8, 10.9 $d>39$ mm：受渡当事者間の協定	$d\leq 24$ mm：A2-70, A4-70 24 mm$<d\leq 39$ mm： A2-50, A4-50 $d>39$ mm：受渡当事者間の協定	JIS B 1057 による。
	適用規格		3 mm$\leq d\leq$39 mm： JIS B 1051 $d<3$ mm及び$d>39$ mm： 受渡当事者間の協定	$d\leq 39$ mm： JIS B 1054-1 $d>39$ mm：受渡当事者間の協定	
公差	部品等級		$d=1.6\sim 24$ mm で $l\leq 10d$ 又は $l\leq 150$ mm (^{1})：A $d=1.6\sim 24$ mm で $l>10d$ 又は $l>150$ mm (^{1})，及び $d=27\sim 64$ mm：B		
	適用規格		JIS B 1021		
仕上げ及び/又は表面処理			製造された状態	生地のまま	生地のまま
			電気めっきの要求がある場合は，JIS B 1044 による。		電気めっきの要求がある場合は，JIS B 1044 による。
			非電解処理による亜鉛フレーク皮膜の要求がある場合は，JIS B 1046 による。		
			他の電気めっきの要求がある場合又はその他の表面処理が必要な場合は，受渡当事者間の協定による。		
			表面欠陥の限界は，JIS B 1041 による。		
受入検査			受入検査手順は，JIS B 1091 による。		
注([14]) 鋼製及びステンレス鋼製のボルトに対する他の強度区分は，それぞれ JIS B 1051 及び JIS B 1054-1 による。					

呼び径六角ボルト―並目ねじ―部品等級 C の製品仕様（JIS B 1180）

材料		鋼
ねじ	公差域クラス	8g
	適用規格	JIS B 0205-4, JIS B 0209-1
機械的性質	強度区分[17]	$d \leq 39$ mm：3.6, 4.6, 4.8 $d > 39$ mm：受渡当事者間の協定
	適用規格	$d \leq 39$ mm：JIS B 1051 $d > 39$ mm：受渡当事者間の協定
公差	部品等級	C
	適用規格	JIS B 1021
仕上げ及び／又は表面処理		製造された状態 電気めっきの要求がある場合は，JIS B 1044 による。 非電解処理による亜鉛フレーク皮膜の要求がある場合は，JIS B 1046 による。 他の電気めっきの要求がある場合又はその他の表面処理が必要な場合は，受渡当事者間の協定による。
受入検査		受入検査手順は，JIS B 1091 による。
注[17] 他の強度区分は，JIS B 1051 による。		

JIS B 1180 の附属書に規定する**鋼ボルトの機械的性質**を次に示します。

鋼ボルトの機械的性質（JIS B 1180）

種類	機械的性質	
	強度区分	引用規格
六角ボルト 小形六角ボルト	4.6, 4.8, 5.6, 5.8 6.8, 8.7, 10.9	JIS B 1051

【解　説】

　ボルトの強さは使用材料と加工方法によって決まりますので，締結設計で強度区分を決定することは，材料と加工方法を指定することになります。

05 六角穴付きボルトの種類を知る

六角穴付きボルトの種類は，JIS B 1176（六角穴付きボルト）などに規定されています。

【規定内容】

丸頭に六角穴を付けた**六角穴付きボタンボルト**は，JIS B 1174（六角穴付きボタンボルト），円筒部の径がねじの呼び径より大きい**六角穴付きショルダボルト**は，JIS B 1175（六角穴付きショルダボルト）は，**六角穴付きボルト**は，JIS B 1176（六角穴付きボルト），皿頭に六角穴を付けた**六角穴付き皿ボルト**は，JIS B 1194（六角穴付き皿ボルト）において，形状・寸法，機械的性質が規定されています。

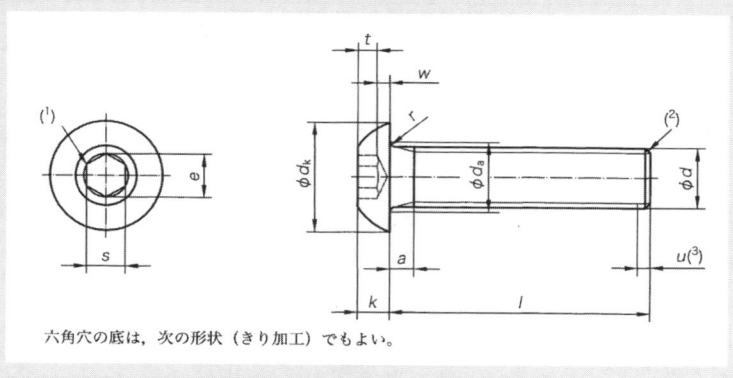

六角穴付きボタンボルトの形状（JIS B 1174）

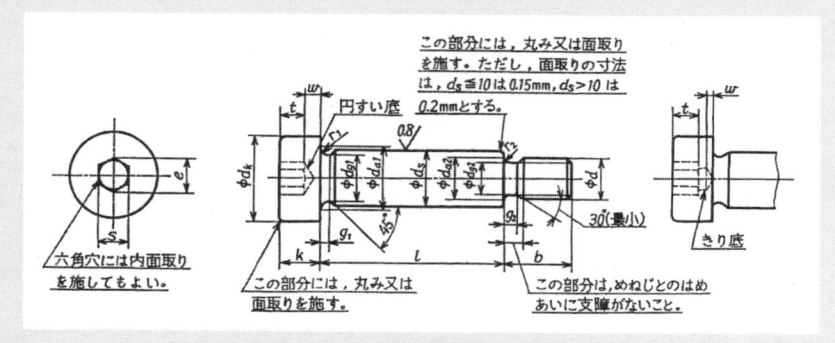

六角穴付きショルダボルトの形状（JIS B 1175）

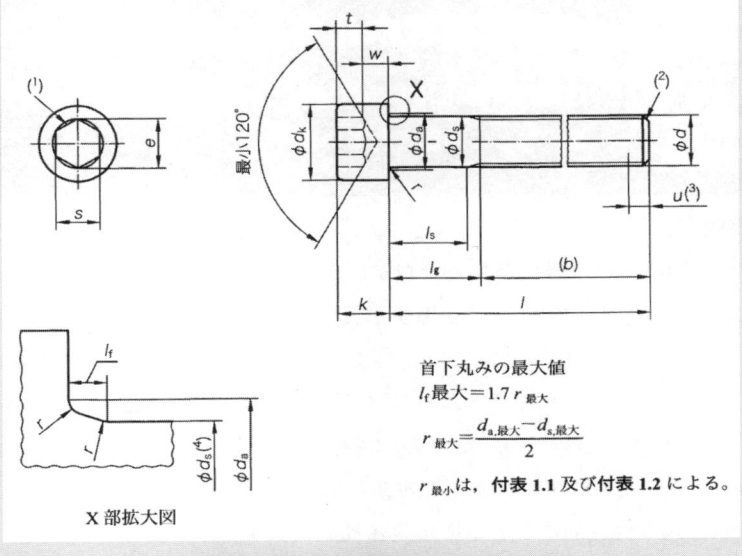

首下丸みの最大値

l_f 最大 $= 1.7\, r_{最大}$

$r_{最大} = \dfrac{d_{a,最大} - d_{s,最大}}{2}$

$r_{最小}$ は，付表 1.1 及び付表 1.2 による。

X 部拡大図

六角穴付きボルトの形状（JIS B 1176）

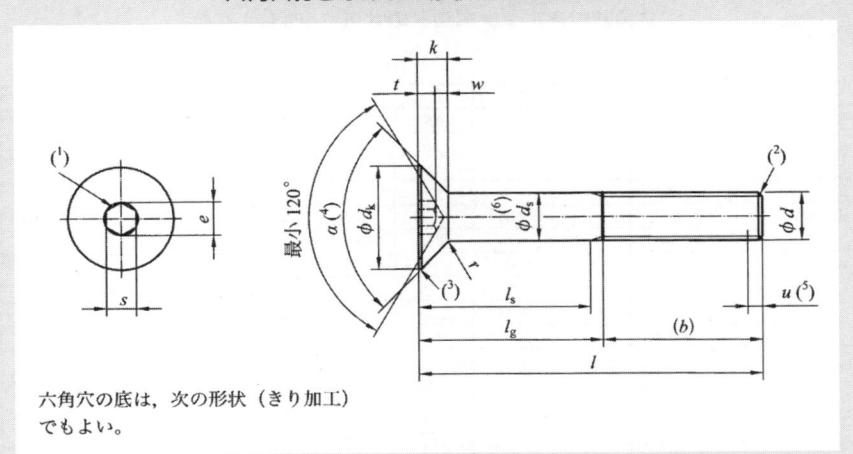

六角穴の底は，次の形状（きり加工）
でもよい。

六角穴付き皿ボルトの形状（JIS B 1194）

【解　説】

　六角穴付きボルトは，頭部に設けられた六角穴に六角棒スパナを差し込んで締め付けるので，頭部の硬さが十分でなければいけません。鋼製の場合は，頭部を硬くするために熱処理が重要な成形方法の一つとなります。ステンレス鋼製の場合は，熱処理を施さないものもあります。

chapter 3 ● 75

06 六角穴付きボルトの寸法を知る

六角穴付きボルトの寸法は，JIS B 1176（六角穴付きボルト）などに規定されています。

【規定内容】

ボタンボルトの寸法は，M3 〜 M16 を JIS B 1174（六角穴付きボタンボルト）に規定されています。**ショルダボルト**の寸法は，円筒部の径が 6.5 mm（M5）〜 25 mm（M20）について，JIS B 1175（六角穴付きショルダボルト）に規定されています。**穴付きボルト**の寸法は，呼び径が 1.6 mm 〜 64 mm の並目ねじ，呼び径が 8 mm 〜 64 mm の細目ねじについて，JIS B 1176（六角穴付きボルト）に規定されています。**皿ボルト**の寸法は，M3 〜 M20 について，JIS B 1194（六角穴付き皿ボルト）に規定されています。

六角穴付きボタンボルトの寸法（JIS B 1174）

単位 mm

ねじの呼び(d)		M3	M4	M5	M6	M8	M10	M12	M16
$P(^4)$		0.5	0.7	0.8	1	1.25	1.5	1.75	2
a	最大	1.0	1.4	1.6	2	2.50	3.0	3.50	4
	最小	0.5	0.7	0.8	1	1.25	1.5	1.75	2
d_a	最大	3.6	4.7	5.7	6.8	9.2	11.2	14.2	18.2
d_k	最大	5.7	7.60	9.50	10.50	14.00	17.50	21.00	28.00
	最小	5.4	7.24	9.14	10.07	13.57	17.07	20.48	27.48
$e(^5), (^6)$	最小	2.303	2.873	3.443	4.583	5.723	6.863	9.149	11.429
k	最大	1.65	2.20	2.75	3.3	4.4	5.5	6.60	8.80
	最小	1.40	1.95	2.50	3.0	4.1	5.2	6.24	8.44
r	最小	0.1	0.2	0.2	0.25	0.4	0.4	0.6	0.6
$s(^6)$	呼び	2	2.5	3	4	5	6	8	10
	最大	2.080	2.58	3.080	4.095	5.140	6.140	8.175	10.175
	最小	2.020	2.52	3.020	4.020	5.020	6.020	8.025	10.025
t	最小	1.04	1.3	1.56	2.08	2.6	3.12	4.16	5.2
w	最小	0.2	0.3	0.38	0.74	1.05	1.45	1.63	2.25

$l(^7)$		
呼び長さ	最小	最大
6	5.76	6.24
8	7.71	8.29
10	9.71	10.29

六角穴付きショルダボルトの寸法（JIS B 1175）

単位 mm

円筒部の呼び径		6.5	8	10	13	16	20	25
d_s	最大	6.487	7.987	9.987	12.984	15.984	19.980	24.980
	最小	6.451	7.951	9.951	12.941	15.941	19.928	24.928
ねじの呼び (d)		M5	M6	M8	M10	M12	M16	M20
ねじのピッチ (P)		0.8	1	1.25	1.5	1.75	2	2.5
b	最大	9.75	11.25	13.25	16.40	18.40	22.40	27.40
	最小	9.25	10.75	12.75	15.60	17.60	21.60	26.60
d_k	最大(基準寸法)*	10	13	16	18	24	30	36
	最大**	10.22	13.27	16.27	18.27	24.33	30.33	36.39
	最小	9.78	12.73	15.73	17.73	23.67	29.67	35.61
d_{g1}	最小	5.92	7.42	9.42	12.42	15.42	19.42	24.42
d_{g2}	最大	3.86	4.58	6.25	7.91	9.57	13.23	16.57
	最小	3.68	4.40	6.03	7.69	9.35	12.96	16.30
d_{a1}	最大	7.5	9.2	11.2	15.2	18.2	22.4	27.4
d_{a2}	最大	5	6	8	10	12	16	20
e	最小	3.44	4.58	5.72	6.86	9.15	11.43	13.72
k	最大(基準寸法)	4.5	5.5	7	9	11	14	16
	最小	4.32	5.32	6.78	8.78	10.73	13.73	15.73
g_1	最大	2.5	2.5	2.5	2.5	2.5	2.5	3
g_2	最大	2	2.5	3.1	3.7	4.4	5	6.3
r_1	最小	0.25	0.4	0.6	0.6	0.6	0.8	0.8
r_2	最小	0.5	0.53	0.64	0.77	0.87	1.14	1.38
s	呼び(基準寸法)	3	4	5	6	8	10	12
	最大	3.08	4.095	5.095	6.095	8.115	10.115	12.142
	最小	3.02	4.02	5.02	6.02	8.025	10.025	12.032
t	最小	2.4	3.3	4.2	4.9	6.6	8.8	10
w	最小	1	1.15	1.6	1.8	2	3.2	3.25

六角穴付きボルト（並目ねじ）の寸法（JIS B 1176）

単位 mm

ねじの呼び(d)		M1.6	M2	M2.5	M3	M4	M5	M6
P (7)		0.35	0.4	0.45	0.5	0.7	0.8	1
b (8)	参考	15	16	17	18	20	22	24
d_k	最大(9)	3.00	3.80	4.50	5.50	7.00	8.50	10.00
	最大(10)	3.14	3.98	4.68	5.68	7.22	8.72	10.22
	最小	2.86	3.62	4.32	5.32	6.78	8.28	9.78
d_a	最大	2	2.6	3.1	3.6	4.7	5.7	6.8
d_s	最大	1.60	2.00	2.50	3.00	4.00	5.00	6.00
	最小	1.46	1.86	2.36	2.86	3.82	4.82	5.82
e (11)(12)	最小	1.733	1.733	2.303	2.873	3.443	4.583	5.723
l_f	最大	0.34	0.51	0.51	0.51	0.6	0.6	0.68
k	最大	1.60	2.00	2.50	3.00	4.00	5.00	6.0
	最小	1.46	1.86	2.36	2.86	3.82	4.82	5.7
r	最小	0.1	0.1	0.1	0.1	0.2	0.2	0.25
s (12)	呼び	1.5	1.5	2	2.5	3	4	5
	最大	1.58	1.58	2.08	2.58	3.08	4.095	5.14
	最小	1.52	1.52	2.02	2.52	3.02	4.020	5.02
t	最小	0.7	1	1.1	1.3	2	2.5	3
v	最大	0.16	0.2	0.25	0.3	0.4	0.5	0.6
d_w	最小	2.72	3.48	4.18	5.07	6.53	8.03	9.38
w	最小	0.55	0.55	0.85	1.15	1.4	1.9	2.3

chapter 3 ● 77

六角穴付き皿ボルトの寸法 (JIS B 1194)

単位 mm

ねじの呼び (d)			M3	M4	M5	M6	M8	M10	M12	(M14)[13]	M16	M20
P[7]		参考	0.5	0.7	0.8	1	1.25	1.5	1.75	2	2	2.5
b[8]		最大	1.8	20	22	24	28	32	36	40	44	52
d_a		最大	3.3	4.4	5.5	6.6	8.54	10.62	13.5	15.5	17.5	22
d_k	理論寸法	最大	6.72	8.96	11.20	13.44	17.92	22.40	26.88	30.8	33.60	40.32
	実寸法	最小	5.54	7.53	9.43	11.34	15.24	19.22	23.12	26.52	29.01	36.05
d_s		最大	3.00	4.00	5.00	6.00	8.00	10.00	12.00	14.00	16.00	20.00
		最小	2.86	3.82	4.82	5.82	7.78	9.78	11.73	13.73	15.73	19.67
e[9], [10]		最小	2.303	2.873	3.443	4.583	5.723	6.863	9.149	11.429	11.429	13.716
K		最大	1.86	2.48	3.1	3.72	4.96	6.2	7.44	8.4	8.8	10.16
F[11]		最小	0.25	0.25	0.3	0.35	0.4	0.4	0.45	0.5	0.6	0.75
R		最小	0.1	0.2	0.2	0.25	0.4	0.4	0.6	0.6	0.6	0.8
s[10]		呼び	2	2.5	3	4	5	6	8	10	10	12
		最大	2.08	2.58	3.08	4.095	5.14	6.14	8.175	10.175	10.175	12.212
		最小	2.02	2.52	3.02	4.020	5.02	6.02	8.025	10.025	10.025	12.032
t		最小	1.1	1.5	1.9	2.2	3	3.6	4.3	4.5	4.8	5.6
w		最小	0.25	0.45	0.66	0.7	1.16	1.62	1.8	1.62	2.2	2.2

【解　説】

　JIS B 1174（六角穴付きボタンボルト），JIS B 1176（六角穴付きボルト）及びJIS B 1194（六角穴付き皿ボルト）は，ISO規格と整合した一致規格です。しかし，JIS B 1175（六角穴付きショルダボルト）は，寸法については一致していますが，規格の編集上の変更があります。

　JIS B 1174は，ねじの呼びがM3，M4，M5，M6，M8，M10，M12，M16の8種類，JIS B 1175は，ねじの呼びがM5，M6，M8，M10，M12，M16，M20の7種類，JIS B 1176は，並目ねじでM1.6〜M64の20種類，細目ねじでM8×1〜M64×4の13種類，JIS B 1194は，M3，M4，M5，M6，M8，M10，M12，M14，M16，M20の10種類でISO規格と一致しています。

　ねじの公差域クラスは強度区分8.8と10.9では6gですが，強度区分12.9だけは5g6gとなっています。

▼ **One Point Column　公差**

　軸と穴とのはめあいに用いるIT公差等級を規定した規格として，JIS B 0401-1（寸法公差及びはめあいの方式−第1部：寸法及びはめあいの基礎）があります。基準寸法に対してIT10，IT11，IT12，IT13，IT14，IT15という具合に決められて，公差が与えられています。

　このITの数字が大きいほど公差も大きくなります。これを軸に対する寸法許容差に適用する場合は，例えば，h13，h14，h15と表されます。また，穴に対する寸法許容差に適用する場合は，H13，H14，H15と表されます。

　ねじの公差域クラスの表示は6g，6Hという表し方をしますので，一般のはめあいの寸法許容差の表示と似ています。戸惑いを感じることもありますが，世界共通の表し方として理解してください。

― **One Point Column** ◢

07 六角穴付きボルトの強度を知る

六角穴付きボルトの強度は，JIS B 1176（六角穴付きボルト）などに規定されています。

【規定内容】

　六角穴付きボタンボルトの強度は，強度区分 8.8，10.9 及び 12.9 について，JIS B 1174（六角穴付きボタンボルト）に規定されています。

　六角穴付きショルダボルトの強度は，強度区分 12.9 によることが，JIS B 1175（六角穴付きショルダボルト）に規定されています。

　六角穴付きボルトの強度は，呼び径 3 mm 以上 39 mm 以下の鋼製の場合，強度区分 8.8，10.9 及び 12.9，呼び径 24 mm 以下のステンレス鋼製の場合，強度区分 A2-70，A3-70，A4-70，A5-70 と JIS B 1176（六角穴付きボルト）に規定されています。

六角穴付きボタンボルトの製品仕様及び適用規格（JIS B 1174）

材料		鋼
一般要求事項	適用規格	JIS B 1099
ねじ	公差域クラス	強度区分 8.8 及び 10.9 は，6g 強度区分 12.9 は，5g6g（JIS B 1176 の附属書 1 参照）
	適用規格	JIS B 0205-2，JIS B 0209-2，JIS B 0209-3
機械的性質	強度区分(*)	8.8，10.9，12.9
	適用規格	JIS B 1051
公差	部品等級	A
	適用規格	JIS B 1021
仕上げ		製造された状態
		電気めっきの要求がある場合は，JIS B 1044 による。
		非電解処理による亜鉛フレーク皮膜の要求がある場合は，JIS B 1046 による。
表面欠陥		表面欠陥の限界は，JIS B 1041 による。ただし，強度区分 12.9 の場合は，JIS B 1043 による。
受渡し		受入検査手順は，JIS B 1091 による。

注(*) このボルトは，JIS B 1051 の試験プログラム B によって試験したとき，頭部形状の理由から，JIS B 1051 で規定する最小引張荷重の値を満たさなくてもよいが，JIS B 1051 で規定する強度区分に対するその他の機械的性質及び材料の要求事項は満たさなければならない。引張試験は，JIS B 1051 に示されているような取付け具を用いて行い，製品の状態で引張荷重を負荷したとき，ボルトは破壊を起こすことなく表 3 の最小引張荷重に耐えなければならない。

　なお，破壊を起こすまで荷重を加えた場合には，ねじ部，円筒部，頭部又は頭部と円筒部との付け根のいずれで破壊してもよい。

六角穴付き皿ボルトの強度は，呼び径 24 mm を超え 36 mm 以下は，強度区分 A2-50，A3-50，A4-50，A5-50，8.8，10.9 及び 12.9 と JIS B 1194（六角穴付き皿ボルト）に規定されています。

【解　説】

JIS B 1051（炭素鋼及び合金鋼製締結用部品の機械的性質－第 1 部：ボルト，ねじ及び植込みボルト）により，鋼製の強度区分 8.8 は，呼び径 16 mm 以下の場合では，最小引張強さが 800 N/mm^2，最小硬さが 250 HV，0.2% 耐力が最小 640 N/mm^2 となります。また，呼び径 16 mm 以上の場合では，同様に 830 N/mm^2，255 HV，660 N/mm^2 です。

強度区分 10.9 は，1040 N/mm^2，320 HV，940 N/mm^2，強度区分 12.9 は，1220 N/mm^2，385 HV，1100 N/mm^2 です。

JIS B 1054-1（耐食ステンレス鋼製締結用部品の機械的性質－第 1 部　ボルト，ねじ及び植込みボルト）により，ステンレス鋼製のオーステナイト系の鋼種区分 A2，A3，A4，A5 の強度区分 70 は，最小引張強さが 700 N/mm^2，0.2% 耐力が最小 450 N/mm^2 となります。同様に強度区分 50 は，500 N/mm^2，210 N/mm^2 です。

▼One Point Column　ねじの強度表示

　ボルトの強度区分を 4T，5T，6T，8T，10T，12T として表す JIS 独自の方式が少し前までありました。この T 付き表示の強度は，ボルトの最小引張強さが，40 kgf/mm^2（392 N/mm^2）の場合は 4T，50 kgf/mm^2（490 N/mm^2）の場合は 5T とねじの強度を表したものです。

　長い時間がかかりましたが，国際的に整合のとれた強度表示として ISO 規格を JIS に導入し，普及が図られています。国内市場では，T 付き表示の強度区分がまだ見受けますが，国際的には通用しないことから切替えが望まれます。

　　　　　　　　　　　　　　　One Point Column◢

08 植込みボルトについて知る

植込みボルトは，JIS B 1173（植込みボルト）に規定されています。

【規定内容】

植込み側のねじを機械に植え込み，ナット側のねじで部品を取り付ける**植込みボルト**については，強度区分が 4.8，8.8，9.8，10.9 の 4 種類，ねじの呼び径が 4 mm 〜 20 mm の 10 種類の形状・寸法が，JIS B 1173（植込みボルト）に規定されています。特に，植込み側のねじの寸法許容差も規定されており，ナット側のねじの公差域クラスの 6g と異なっています。

植込みボルトの形状・寸法（JIS B 1173）

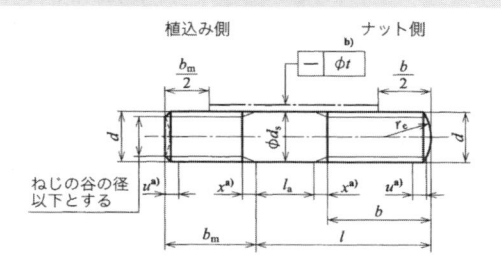

単位 mm

ねじの呼び径 d				4	5	6	8	10	12	(14)	16	(18)	20
ピッチ P	並目ねじ			0.7	0.8	1	1.25	1.5	1.75	2	2	2.5	2.5
	細目ねじ			—	—	—	—	1.25	1.25	1.5	1.5	1.5	1.5
d_s	最大（基準寸法）			4	5	6	8	10	12	14	16	18	20
	最小			3.82	4.82	5.82	7.78	9.78	11.73	13.73	15.73	17.73	19.67
b	$l ≦ 125$ mm のもの	最小（基準寸法）		14	16	18	22	26	30	34	38	42	46
		最大	並目ねじ	15.4	17.6	20	24.5	29	33.5	38	42	47	51
			細目ねじ	—	—	—	—	28.5	32.5	37	41	45	49
	$l > 125$ mm のもの	最小（基準寸法）		—	—	—	—	—	—	—	—	48	52
		最大	並目ねじ	—	—	—	—	—	—	—	—	53	57
			細目ねじ	—	—	—	—	—	—	—	—	51	55
b_m	1 種	最小		—	—	—	—	12	15	18	20	22	25
		最大		—	—	—	—	13.1	16.1	19.1	21.3	23.3	26.3
	2 種	最小		6	7	8	11	15	18	21	24	27	30
		最大		6.75	7.9	8.9	12.1	16.1	19.1	22.3	25.3	28.3	31.3
	3 種	最小		8	10	12	16	20	24	28	32	36	40
		最大		8.9	10.9	13.1	17.1	21.3	25.3	29.3	33.6	37.6	41.6
r_e	（約）			5.6	7	8.4	11	14	17	20	22	25	28

【解　説】

両端にねじ部をもつ植込みボルトは，**スタッド**（studs）ともいわれ，一端を工作機械などに植え込み，他端に部品を取り付けてナットで締めます。植込み側のねじ部の有効径の許容差がプラス側になっているので，しまりばめのはめあい状態になります。

▼One Point Column　ねじの種類を表す記号

ねじの種類を表す記号の由来を紹介します。

- M　　：Metric screw thread の略号。
- S　　：国際規格 ISO 1501（ISO miniature screw threads）で定めた略号。
- UNC　：米国規格 ANSI B 1.1a（Unified Screw Threads-Metric Translation）Coarse-Thread Series の並目ねじの略号。
- UNF　：米国規格 ANSI B 1.1a の Fine-Thread Series の細目ねじの略号。
- W　　：Whitworth Screw Thread の略号。
- Tr　　：Metric Trpezoidal Screw Thread の略号。
- TM　：Metric Trpezoidal Screw の略号。
- TW　：Whitworth Screw Thread の略号。
- Acme：アメリカの台形ねじの略号。
- R　　：ドイツの管用ねじ Rohrgewinde の略号。
- Rc　　：管用ねじ R に c（cone）を添えたテーパめねじの略号。
- Rp　　：管用ねじ R に p（parallel）を添えた平行めねじの略号。
- G　　：Gas-pipe thread（英）又は Gasgewinde（独）に由来するねじの略号。
- PF　　：Pipe Fastening の略号。
- PT　　：Pipe Taper の略号。
- PS　　：Pipe Straight の略号。
- BC　　：British Standard cycle threads の略号。
- SM　　：Sewing Machine の略号。
- E　　：Electric Lamps の略号。
- TV　　：Tire Valve の略号。

One Point Column ◢

09 基礎ボルトについて知る

基礎ボルトは，JIS B 1178（基礎ボルト）に規定されています。

【規定内容】

基礎ボルトは，基礎に埋め込む側の形状によって，L形，J形，LA形，JA形の 4 種類があり，ねじの呼び範囲は，L形が M10 〜 M20，J形が M10 〜 M48，JA 形が M10 〜 M48 です。

強度区分は M36 以下に対して 4.6 です。M42 以上に対しては，受渡当事者間の協定により，一般構造用圧延鋼材の SS400 又は 392 N/mm^2 以上で，硬さ 105 〜 229HB の材料を用いると規定されています。

基礎ボルト L 形の形状・寸法（JIS B 1178）

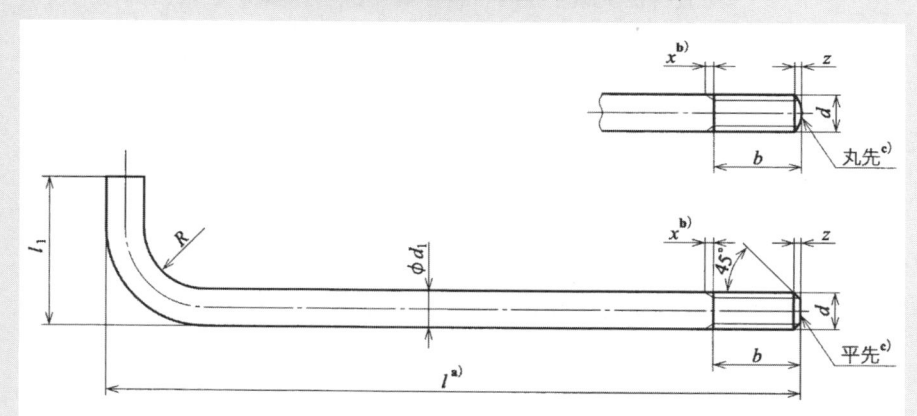

単位　mm

ねじの呼び (d)	d_1 基準寸法	d_1 許容差	b 基準寸法	b 許容差	l_1 (約)	R (約)	z (約)
M10	10	±0.4	25	+6.3 / 0	40	20	1.5
M12	12		32	+8 / 0	50	25	2
M16	16	±0.5	40		63	32	2
M20	20		50		80	40	2.5

b はねじ部長さで，この表以外の b を特に必要とする場合は，注文者が指定できる。
転造ねじの場合は，注文者の指定によって，d_1 をほぼねじの有効径とし，ねじ先の面取りを省略することができる。

【解　説】
　基礎ボルトは，構造物をコンクリートの基礎に固定するために使用されます。ねじの公差域クラスは 8g となっています。コンクリート灰に定着するように埋め込む側の形状も工夫されています。また，ボルトの呼び長さも一般用ボルトと比べると円筒部が相当に長いものです。

▼*One Point Column*　耐食性と皮膜

　めっき処理では，耐食性を増加させるために皮膜の上にクロメート処理の皮膜を施すコーティング処理があります。
　このクロメート皮膜には，6価クロムが多く用いられてきましたが，人体への悪影響を及ぼす有害物質として使用規制が進められています。
　6価より安全な3価クロムへの転換又はクロムを使用しないクロムレス物質の採用が行われていますが，耐食性の確保やねじ締結に影響を与える摩擦係数の管理が必要になっています。

One Point Column▲

10 その他のボルトについて知る

その他のボルトは，JIS B 1166（T溝ボルト）などに規定されています。

【規定内容】

工作機械のT溝にはめ合わせて用いる**基礎ボルト**は，JIS B 1166（T溝ボルト）に規定されています。また，機械器具類の吊り上げなどの荷役に用いる**アイボルト**は，JIS B 1168（アイボルト）に規定されています。

丸頭の付け根に，回り止めのための四角部を持ち，ねじの呼びがM6〜M20，ねじの公差域クラスが6g，強度区分が4.8，8.8及び10.9の**角根丸頭ボルト**は，JIS B 1178（基礎ボルト）に規定されています。

皿頭のボルトは，すりわり付き及びキー付きの2種類があります。ねじの呼び径は，すりわり付きが10〜36 mm，キー付きが10〜24 mmです。強度区分4.6及び4.8の鋼製，受渡当事者間の協定によるステンレス鋼製並びに黄銅製の**皿ボルト**について，JIS B 1179（皿ボルト）に規定されています。

頭部が四角形の鋼製ボルトは，並形及び大形の2種類があります。ねじの呼びはM3〜M24，強度区分は並形が4.6及び4.8，大形が4.6の**四角ボルト**について JIS B 1182（四角ボルト）に規定されています。

手で回せるように頭部が翼状になっているちょうボルトは，翼端が半円形の1種，角形の2種，及び板をプレス加工した3種があります。ねじの呼びは，1種がM2〜M24，2種がM3〜M20，3種がM4〜M10の**ちょうボルト**について，JIS B 1184（ちょうボルト）に規定されています。

頭部の座面側をプロジェクション溶接して用いる**溶接ボルト**のねじの呼びM4，M5，M6，M8，M10，M12とM8×1，M10×1.25，M12×1.25について，JIS B 1195（溶接ボルト）に規定されています。

【解　説】

汎用的に用いられるボルトについては，頭部の形状ごとにJISに規定されていますが，ここに紹介したボルト以外にも，座金組込みボルト，フランジ付き六角ボルト，ヘクサロビュラ穴付きボルトなどもあります。

CHAPTER **4**
ナット

01　ナットの分類を知る・・・・・・・・・・・・・・・・・・・・・・・88
02　六角ナットの種類を知る・・・・・・・・・・・・・・・・・・・90
03　六角ナットの寸法を知る・・・・・・・・・・・・・・・・・・・92
04　六角ナットの強度を知る・・・・・・・・・・・・・・・・・・・95
05　六角袋ナットについて知る・・・・・・・・・・・・・・・・・98
06　溝付き六角ナットについて知る・・・・・・・・・・・・・100
07　溶接ナットについて知る・・・・・・・・・・・・・・・・・・・102
08　プリベリングトルク形ナットについて知る・・・・104
09　ちょうナットについて知る・・・・・・・・・・・・・・・・・106
10　その他のナットについて知る・・・・・・・・・・・・・・・108

01 ナットの分類を知る

ナットの分類は，JIS B 0101（ねじ用語）に規定されています。

【規定内容】

ナットの分類は，用語とその定義について，JIS B 0101（ねじ用語）に規定されています。ナットは，めねじ部品の総称です。ナットはボルトと組んで締結するねじ部品で，外形によって六角ナット，四角ナット，丸ナットがあります。

また，用途によって特殊形状をもつナットには，頭部にキャップが付いた**六角袋ナット**，溝のある**溝付き六角ナット**，溶接して用いる**溶接ナット**，T溝に入れて用いる**T溝ナット**，環が付いた**アイナット**，六角形を30°ずらした形の**12ポイントナット**，指で回すことができる**ちょうナット**，ばね作用で固定する**ばね板ナット**などがあります。

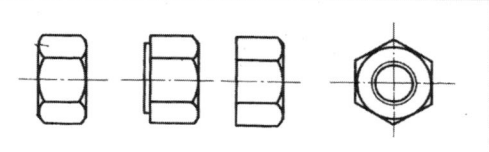

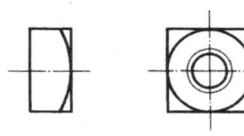

六角ナット（JIS B 0101）　　四角ナット（JIS B 0101）

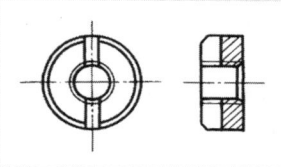

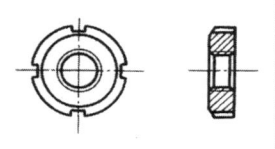

すりわり付き丸ナット（JIS B 0101）　　溝付き丸ナット（JIS B 0101）

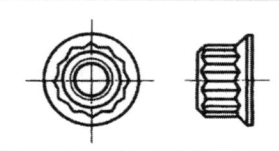

フランジ付き12ポイントナット（JIS B 0101）

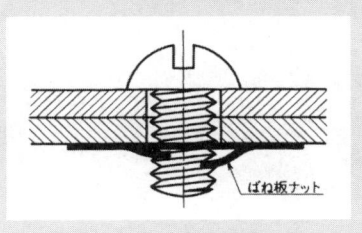

ばね板ナット（JIS B 0101）

【解　説】
　ナットは，ボルトに締結力（軸力）を発生させる役割を果たしますから，ボルト側が破断する前にナットが壊れないようにしています。ボルト・ナット締結では，ナットにゆるみが生じないように初期の締付け力を確実に与える締結作業が求められます。ゆるみを防止する仕掛けをもったさまざまなナットがありますので，用途や使い勝手に応じて選定することになります。

▼**One Point Column　メートルねじ以外のねじ**

　日本では，かつてメートルねじ，ユニファイねじ，ウイットねじの3種類のねじが使われていました。しかし，JISは，国際標準化機構（ISO）におけるISOメートルねじとISOインチねじの標準化の国際的進展を見極め，メートルねじへの一本化に向けてウイットねじを廃止し，航空機など，必要な場合に限りユニファイねじを使用できるとしたのです。

　一方，米国製の輸入機械では，ユニファイねじやウイットねじのインチ単位系のねじが使われていることから，特定の機械・分野では，いまだにメートルねじ以外のねじが使われている場合があります。部品交換や補修のときには，注意を要します。

One Point Column▲

02 六角ナットの種類を知る

六角ナットの種類は，JIS B 1181（六角ナット）に規定されています。

【規定内容】

鋼製，ステンレス鋼製及び非鉄金属製の**六角ナット**の種類は，JIS B 1181（六角ナット）に規定されています。

六角ナットの種類（JIS B 1181）

種類			ねじの呼び径 d の範囲（mm）	対応国際規格
ナット	ねじのピッチ	部品等級		（参考）
六角ナット―スタイル1	並目ねじ	A	1.6〜16	ISO 4032:1999
		B	18〜64	
	細目ねじ	A	8〜16	ISO 8673:1999
		B	18〜64	
六角ナット―スタイル2	並目ねじ	A	5〜16	ISO 4033:1999
		B	20〜36	
	細目ねじ	A	8〜16	ISO 8674:1999
		B	18〜36	
六角ナット―C	並目ねじ	C	5〜64	ISO 4034:1999
六角低ナット―両面取り	並目ねじ	A	1.6〜16	ISO 4035:1999
		B	18〜64	
	細目ねじ	A	8〜16	ISO 8675:1999
		B	18〜64	
六角低ナット―面取りなし	並目ねじ	B	1.6〜10	ISO 4036:1999

JIS B 1181 の附属書では，ISO によらない JIS 独自の六角ナットは，次のように規定しています。

ISO によらない六角ナットの種類（JIS B 1181）

種類	s/d	形状の区別
六角ナット([1])	1.45 以上	1種，2種，3種，4種
小形六角ナット	1.45 未満 ([2])	1種，2種，3種，4種

注([1]) 小形のものと区別する必要がある場合は，並形六角ナット
という。
([2]) M8 の小形六角ナットは例外で，その s/d は 1.45 以上とする。

六角ナットの等級（JIS B 1181）

種類	材料による区分		等級		
			仕上げ程度([3])	ねじの公差域クラス([4])	機械的性質([5])の強度区分
六角ナット	鋼	ねじの呼び径が，39 mm 以下の1 種，2 種及び 4 種の場合	上，中，並	5H，6H，7H	4T，5T，6T，8T，10T
	鋼	ねじの呼び径が，39 mm 以下の3 種及び 42 mm 以上の場合			—
	ステンレス鋼				
	非鉄金属				
小形六角ナット	鋼（1 種，2 種及び 4 種の場合）		上，中	5H，6H，7H	4T，5T，6T，8T
	鋼（3 種の場合）				—
	ステンレス鋼				
	非鉄金属				

注([3]) 仕上げ程度は，**9.**参照。
([4]) ねじの公差域クラスは，**JIS B 0205-4** 及び **JIS B 0209-1** によっている。
　　なお，特に指定がない場合は，6H とする。
([5]) 強度区分は，この規格の**附属書 2** によっている。

【解　説】

　ねじの呼び径 d を基準にしたナットの高さは，六角ナット－スタイル 1 は 0.8d ～ 0.9d の範囲にあります。また，六角ナット－スタイル 2 はスタイル 1 の高さより約 10% 高い範囲にあり，六角ナット－ C は 0.8d ～ 1d の範囲にあり，六角低ナットは 0.5d ～ 0.8d の範囲にあります。

　一方，附属書の六角ナットの高さは，概ね 0.8d となっています。このように六角ナットの高さが違う理由は，高さを 0.8d とする前提に立った強度区分の概念は簡単明瞭であるという利点があります。しかし，実際面での支障が起きていることから強度との関連で 0.8d に固定することは不適当であるためです。

　第 1 番目の支障は，最も経済的と考えられる材料と製造方法を用いて，規定の機械的性質を満足させることが困難であることがしばしば起きていたことです。

　第 2 番目の支障は，規定に適合するナットでも，ボルトとの組合せで，締め付け中にねじ山がせん断破壊を起こさないことを保証することができないことです。

　ボルトの降伏点まで締め付ける降伏点締付け法の出現，最適の材料を経済的に使用するため，二面幅の寸法を小さくすること，ボルトの強度のグレードアップなど，新しい提案に対応するためにナットの設計が見直されてきたものです。

03 六角ナットの寸法を知る

六角ナットの寸法は，JIS B 1181（六角ナット）に規定されています。

【規定内容】

六角ナットの寸法は，JIS B 1181（六角ナット）で規定しています。**六角ナット―スタイル 1**（部品等級 A）は，M1.6 〜 M16 の並目ねじ及び M8×1 〜 M16×1.5 の細目ねじの寸法，部品等級 B は，M18 〜 M64 の並目ねじ及び M18×1.5 〜 M64×4 の細目ねじの寸法が規定されています。

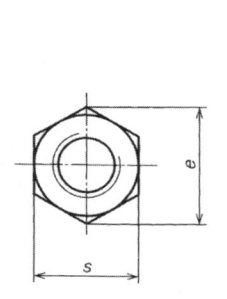

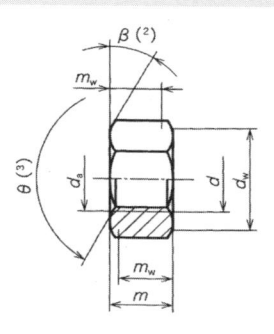

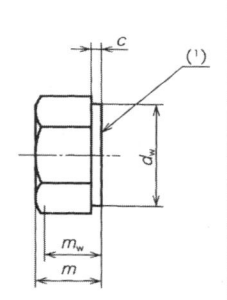

注(^{1}) 座付きは，注文者の指定による。
　(^{2}) $\beta = 15 \sim 30°$
　(^{3}) $\theta = 90 \sim 120°$
備考　寸法の呼び及び記号は，**JIS B 0143** による。

六角ナット―スタイル 1―並目ねじの形状（JIS B 1181）

六角ナット―スタイル 2（部品等級 A）は，M5 〜 M16 の並目ねじ及び M8×1 〜 M16×1.5 の細目ねじの寸法が規定されています。また，部品等級 B は，M20 〜 M36 の並目ねじ及び M18×1.5 〜 M36×3 の細目ねじの寸法が規定されています。

六角ナット― C（部品等級 C）は，M5 〜 M64 の並目ねじの寸法が規定されています。

六角低ナット―両面取り（部品等級 A）は，M1.6 〜 M16 の並目ねじ及び M8×1 〜 M16×1.5 の細目ねじの寸法が規定されています。また，部品等級 B は，M18 〜 M64 及び M18×1.5 〜 M64×4 の細目ねじの寸法が規定されています。

六角ナット―スタイル1―並目ねじ（第1選択）の寸法（JIS B 1181）

単位 mm

ねじの呼び(d)			M1.6	M2	M2.5	M3	M4	M5	M6	M8	M10	M12
$P(^1)$			0.35	0.4	0.45	0.5	0.7	0.8	1	1.25	1.5	1.75
c		最大	0.2	0.2	0.3	0.40	0.40	0.50	0.50	0.60	0.60	0.60
		最小	0.1	0.1	0.1	0.15	0.15	0.15	0.15	0.15	0.15	0.15
d_a		最大	1.84	2.3	2.9	3.45	4.6	5.75	6.75	8.75	10.8	13
		最小	1.60	2.0	2.5	3.00	4.0	5.00	6.00	8.00	10.0	12
d_w		最小	2.4	3.1	4.1	4.6	5.9	6.9	8.9	11.6	14.6	16.6
e		最小	3.41	4.32	5.45	6.01	7.66	8.79	11.05	14.38	17.77	20.03
m		最大	1.30	1.60	2.00	2.40	3.2	4.7	5.2	6.80	8.40	10.80
		最小	1.05	1.35	1.75	2.15	2.9	4.4	4.9	6.44	8.04	10.37
m_w		最小	0.8	1.1	1.4	1.7	2.3	3.5	3.9	5.2	6.4	8.3
s	基準寸法＝最大		3.20	4.00	5.00	5.50	7.00	8.00	10.00	13.00	16.00	18.00
		最小	3.02	3.82	4.82	5.32	6.78	7.78	9.78	12.73	15.73	17.73

ねじの呼び(d)			M16	M20	M24	M30	M36	M42	M48	M56	M64
$P(^1)$			2	2.5	3	3.5	4	4.5	5	5.5	6
c		最大	0.8	0.8	0.8	0.8	0.8	1.0	1.0	1.0	1.0
		最小	0.2	0.2	0.2	0.2	0.2	0.3	0.3	0.3	0.3
d_a		最大	17.3	21.6	25.9	32.4	38.9	45.4	51.8	60.5	69.1
		最小	16.0	20.0	24.0	30.0	36.0	42.0	48.0	56.0	64.0
d_w		最小	22.5	27.7	33.3	42.8	51.1	60	69.5	78.7	88.2
e		最小	26.75	32.95	39.55	50.85	60.79	71.3	82.6	93.56	104.86
m		最大	14.8	18.0	21.5	25.6	31.0	34.0	38.0	45.0	51.0
		最小	14.1	16.9	20.2	24.3	29.4	32.4	36.4	43.4	49.1
m_w		最小	11.3	13.5	16.2	19.4	23.5	25.9	29.1	34.7	39.3
s	基準寸法＝最大		24.00	30.00	36	46	55.00	65.00	75.00	85.00	95.00
		最小	23.67	29.16	35	45	53.8	63.1	73.1	82.8	92.8

注(^{1}) Pは，ねじのピッチ。

六角低ナット－面取りなし（部品等級 B）は，M1.6 〜 M10 の並目ねじの寸法が規定されています。附属書で決めている ISO によらない JIS 独自の六角ナットの寸法は，ねじの呼び径 d に対する二面幅 s の大きさによって，s/d が1.45以上を（並形）六角ナット，1.45 未満（ただし，M8 を除く）を小形六角ナットに区分し，仕上げ程度により上，中，並に分けて寸法が規定されています。

六角ナット・上は，M2 〜 M64 の並目ねじ及び M8×1 〜 M39×3 の細目ねじの寸法が規定されています。**六角ナット・中**は，M6 〜 M64 の並目ねじ及び M8×1 〜 M39×3 の細目ねじの寸法が規定されています。**六角ナット・並**は，M6 〜 M64 の並目ねじ及び M8×1 〜 M39×3 の細目ねじの寸法が規定されています。

小形六角ナット・上は，M8 〜 M39 の並目ねじ及び M8×1 〜 M39×3 の細目ねじの寸法が規定されています。**小形六角ナット・中**は，M8 〜 M39 の並目ねじ及び M8×1 〜 M39×3 の細目ねじの寸法が規定されています。

六角ナット・上の形状・寸法（JIS B 1181）

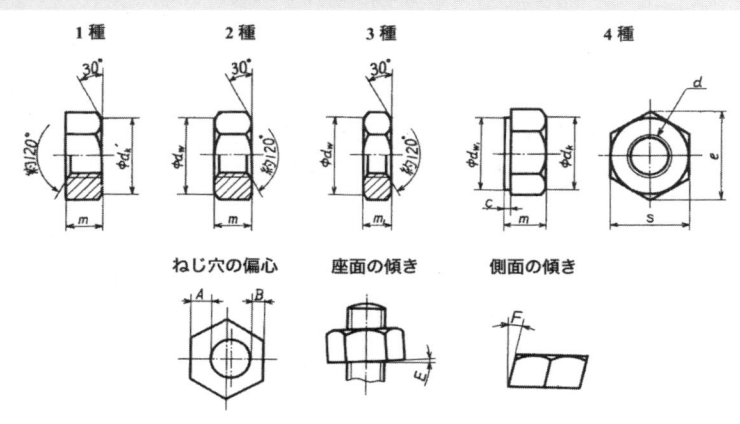

1種　2種　3種　4種

ねじ穴の偏心　座面の傾き　側面の傾き

単位 mm

ねじの呼び (d)		m		m_1		s		e	d_w'及び d_w	d_{w1}	c	$A-B$	E及びF
並目	細目	基準寸法	許容差	基準寸法	許容差	基準寸法	許容差	約	約	最小	約	最大	最大
M2	—	1.6	0	1.2	0	4	0	4.6	3.8	—	—	0.2	1°
M2.5	—	2	−0.25	1.6	−0.25	5	−0.2	5.8	4.7			0.2	
M3	—	2.4		1.8		5.5		6.4	5.3			0.2	
(M3.5)	—	2.8		2		6		6.9	5.8			0.2	
M4	—	3.2	0	2.4		7		8.1	6.8			0.2	
M5	—	4	−0.30	3.2	0	8		9.2	7.8	7.2	0.4	0.3	
M6	—	5		3.6	−0.3	10		11.5	9.8	9	0.4	0.3	
(M7)	—	5.5		4.2		11		12.7	10.8	10	0.4	0.4	
M8	M8×1	6.5	0	5		13	−0.25	15	12.5	11.7	0.4	0.4	
M10	M10×1.25	8	−0.36	6		17		19.6	16.5	15.8	0.4	0.5	
M12	M12×1.25	10		7	0	19		21.9	18	17.6	0.6	0.5	
(M14)	(M14×1.5)	11	0	8	−0.36	22	−0.35	25.4	21	20.4	0.6	0.7	
M16	M16×1.5	13	−0.43	10		24		27.7	23	22.3	0.6	0.8	
(M18)	(M18×1.5)	15		11	0	27		31.2	26	25.6	0.6	0.8	
M20	M20×1.5	16		12	−0.43	30		34.6	29	28.5	0.6	0.9	
(M22)	(M22×1.5)	18		13		32	0	37	31	30.4	0.6	0.9	
M24	M24×2	19	0	14		36	−0.4	41.6	34	34.2	0.6	1.1	
(M27)	(M27×2)	22	−0.52	16		41		47.3	39	—		1.3	
M30	M30×2	24		18		46		53.1	44			1.5	
(M33)	(M33×2)	26		20	0	50		57.7	48			1.6	
M36	M36×3	29		21	−0.52	55	0	63.5	53			1.8	
(M39)	(M39×3)	31	0	23		60	−0.45	69.3	57			2	
M42	—	34	−0.62	25		65		75	62			2.1	
(M45)	—	36		27		70		80.8	67			2.3	
M48	—	38		29		75		86.5	72			2.4	
(M52)	—	42		31	0	80		92.4	77			2.6	

【解　説】

　本体と附属書から校正されている六角ナットは，ナット高さによる寸法の違いも大きいのですが，ISO 規格のナットと JIS 独自のナットとでは，二面幅が違う M10，M12，M16，M22 の 4 種類については，特に注意する必要があります。

04 六角ナットの強度を知る

六角ナットの強度は，JIS B 1181（六角ナット）に規定されています。

【規定内容】

六角ナット－スタイル1－並目ねじの鋼製の強度区分は，M3以上M39以下では，6，8，10，ステンレス鋼製のM24以下では，鋼種区分・強度区分がA2-70，A4-70，M24を超えM39以下ではA2-50，A4-50です。**六角ナット－スタイル2**－並目ねじの強度区分は，鋼製では，9，12です。

六角ナット－Cの強度区分は，鋼製のM16以下では5，M16を超えM39以下では，4，5です。**六角低ナット－両面取り**－並目ねじの強度区分は，鋼製のM3以上M39以下では，04，05，ステンレス鋼製のM24以下では，A2-035，A4-035，M24を超えM39以下では，A2-025，A4-025です。

附属書で規定しているISOによらないJIS独自の（並形）六角ナットの強度区分は，1種，2種，4種の鋼製でねじの呼び径39 mm以下では，4T，5T，6T，8T，10Tです。小形六角ナットの強度区分は，1種，2種，4種の鋼製でねじの呼び径39 mm以下では，4T，5T，6T，8Tです。

六角ナット－スタイル1－並目ねじの製品仕様（JIS B 1181）

材料		鋼	ステンレス鋼	非鉄金属
ねじ	公差域クラス	6H		
	適用規格	JIS B 0205-4，JIS B 0209-1		
機械的性質	強度区分(^{5})	d＜M3：受渡当事者間の協定 M3≦d≦M39：6,8,10 d＞M39：受渡当事者間の協定	d≦M24：A2-70 A4-70 M24＜d≦M39： A2-50 A4-50 d＞M39：受渡当事者間の協定	JIS B 1057による。
	適用規格	M3≦d≦M39： **JIS B 1052** d＜M3及びd＞M39：受渡当事者間の協定	d≦M39： **JIS B 1054-2** d＞M39：受渡当事者間の協定	
公差	部品等級		d≦M16：A d＞M16：B	
	適用規格	**JIS B 1021**		

chapter 4　95

ISO によらない六角ナットの等級（JIS B 1181）

種類	材料による区分		等級		
			仕上げ程度([3])	ねじの公差域クラス([4])	機械的性質([5])の強度区分
六角ナット	鋼	ねじの呼び径が，39 mm 以下の1種，2種及び4種の場合	上，中，並	5H, 6H, 7H	4T, 5T, 6T, 8T, 10T
	鋼	ねじの呼び径が，39 mm 以下の3種及び42 mm 以上の場合			―
	ステンレス鋼				
	非鉄金属				
小形六角ナット	鋼（1種，2種及び4種の場合）		上，中	5H, 6H, 7H	4T, 5T, 6T, 8T
	鋼（3種の場合）				
	ステンレス鋼				
	非鉄金属				

注([3]) 仕上げ程度は，**9.**参照。
([4]) ねじの公差域クラスは，**JIS B 0205-4** 及び **JIS B 0209-1** によっている。
　　なお，特に指定がない場合は，6H とする。
([5]) 強度区分は，この規格の**附属書 2** によっている。

【解　説】

　鋼製で並目ねじの低ナット（面取りあり）及びスタイル 1 のナットの強度区分ごとの保証荷重応力を例示すると次のようになります。

並目ねじのナットの強度区分（JIS B 1052-2）

ねじの呼び	強度区分				
	低ナット		スタイル 1		
	04	05	6	8	10
M10 を超え M16 以下	380	500	700	880	1050
M16 を超え M39 以下	380	500	720	920	1060

細目ねじのナットの強度区分（JIS B 1052-6）

ねじの呼び	強度区分				
	低ナット		スタイル 1		
	04	05	6	8	10
M8 を超え M10 以下			770	955	1100
M10 を超え M16 以下	380	500	780	955	1110
M16 を超え M33 以下			870	1030	―

ステンレス鋼製の場合は次のようになります。

ナットの機械的性質－オーステナイト系の鋼種区分（JIS B 1054-2）

鋼種	鋼種区分	強度区分		ねじ径の範囲 d mm	保証荷重応力 S_p 最小 N/mm²	
		スタイル1のナット ($m \geq 0.8d$)	低ナット ($0.5d \leq m < 0.8d$)		スタイル1のナット ($m \geq 0.3d$)	低ナット ($0.5d \leq m < 0.8d$)
オーステナイト系	A1, A2 A3, A4 A5	50	025	≦M39	500	250
		70	035	≦M24[15]	700	350
		80	040	≦M24[15]	800	400

注[15] ねじの呼び径が24 mmを超える締結用部品に対する機械的性質は，使用者と製造業者とが合意して，この表による鋼種区分及び強度区分を表示する。

附属書に規定するISOによらないJIS独自のナットの強度区分は次のようになります。

鋼製ナットの機械的性質（JIS B 1081）

強度区分			4T	5T	6T	8T	10T
呼び保証荷重応力　N/mm²			400	500	600	800	1 000
実保証荷重応力[2]　N/mm²			392	490	588	785	981
硬さ (最大値)	ブリネル硬さ	HB	302				353
	ロックウェル硬さ	HRC	30				36

注[2] ナットにはめ合わせた試験用マンドレルのねじ部に，この実保証荷重応力が生じる引張り又は圧縮の荷重を加えたとき，ナットのねじ山が崩れたり，ナットが割れたりして破壊することなく，また，荷重を除去した後，ナットは試験用マンドレルから指で取り外せなければならない。

備考　硬さの最小値を，参考として**附属書2表2**に示す。

chapter 4 ● 97

05 六角袋ナットについて知る

六角袋ナットは，JIS B 1183（六角袋ナット）に規定されています。

【規定内容】

六角袋ナットは，ボルトの先端の突き出し部分を覆うキャップ部が付いた六角ナットです。ねじの呼び径に対する二面幅の大きさによって並形と小形の2種類があります。六角部とキャップ部とが一体でねじの逃げ溝がないものを1形，ねじの逃げ溝があるものを2形，六角部とキャップ部とを溶接したものを3形に区分しています。材料は炭素鋼，ステンレス鋼及び黄銅です。

ねじは，並形にはM4～M39の並目ねじ及びM8×1～M39×3の細目ねじ，小形はM8～M24の並目ねじ及びM8×1～M24×2の細目ねじの寸法について規定しています。鋼製の強度区分は4T，5T及び6Tとしています。

六角袋ナットの種類（JIS B 1183）

種類	$\dfrac{s}{d}$	形状の区別
六角袋ナット [a]	1.45 以上	1形，2形，3形
小形六角袋ナット	1.45 未満 [b]	1形，2形，3形

1形は六角部とキャップ部とが一体形でねじの逃げ溝のないもの，2形は六角部とキャップ部とが一体形でねじの逃げ溝のあるもの，3形は六角部とキャップ部とを溶接したものとする。

注 [a] 小形のものと区別する必要がある場合は，並形六角袋ナットという。
　　[b] 呼び径8 mmの小形六角袋ナットは例外で，その s/d は1.45以上である。

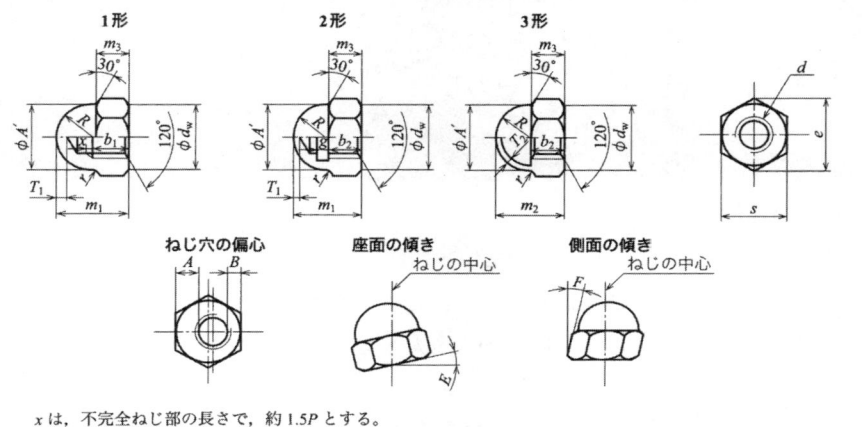

x は，不完全ねじ部の長さで，約 $1.5P$ とする。
ねじ部の面取りは，その直径がねじの谷底よりもわずかに大きい程度とする。ただし，注文者の指定によってこの面取りを省略してもよい。

六角袋ナット及び小形六角袋ナットの形状（JIS B 1183）

【解　説】

　六角袋ナットは，六角ナットの六角部の上部にドーム状のキャップを設けたもので，ISO によらない JIS 独自の六角ナットの寸法に一致しています。強度区分も ISO によらない JIS 独自のナットの強度区分ですから注意が必要です。

　ステンレス鋼製と黄銅製の強度区分は，受渡当事者間の協定となっています。これらの仕様の詳細は，JIS B 1181（六角ナット）の附属書を参照してください。

chapter 4 ● 99

06 溝付き六角ナットについて知る

溝付き六角ナットは，JIS B 1170（溝付き六角ナット）に規定されています。

【規定内容】

溝付き六角ナットは，ナットの脱落防止用に割りピンを差し込む溝がある六角ナットです。ねじの呼び径に対する二面幅の大きさによって並形と小形の2種類があります。ナットの上面に溝を入れた1種と3種とに，円筒部を設けて溝を入れた2種と4種とに形状区分し，さらにナット高さによって高形と低形の2形式があります。材料は炭素鋼，合金鋼及びとステンレス鋼があります。

ねじは，並形には M4～M68 の並目ねじ及び M8×1～M39×3 と，M72×6～M100×6 の細目ねじ，小形には M8～M24 の並目ねじ及び M8×1～M24×2 の細目ねじを規定しています。鋼製の強度区分は 4T，5T，6T，8T，10T となっています。

溝付き六角ナットの種類（JIS B 1170）

種類	s/d	形状の区分	形式
溝付き六角ナット [a]	1.45 以上 [b]	1種・2種・3種・4種	高形・低形
小形溝付き六角ナット	1.45 未満 [c]	1種・2種・3種・4種	高形・低形

注 [a] 小形のものと区別する必要がある場合は，並形溝付き六角ナットという。
  [b] 呼び径 76～95 mm の溝付きナットは例外で，その s/d は 1.45 未満である。
  [c] 呼び径 8 mm の溝付きナットは例外で，その s/d は 1.45 以上である。

溝付き六角ナットの寸法（JIS B 1170）

種類	形状の区分	形式	呼び径の範囲	仕上げ程度	形状・寸法
溝付き六角ナット	1種, 3種	高形	4～39 mm	上，中	表7
		低形	10～39 mm		
	2種, 4種	高形	12～100 mm		
		低形	14～100 mm		
小形溝付き六角ナット	1種, 3種	高形	8～24 mm	上，中	表8
		低形	8～24 mm		
	2種, 4種	高形	12～24 mm		
		低形	12～24 mm		

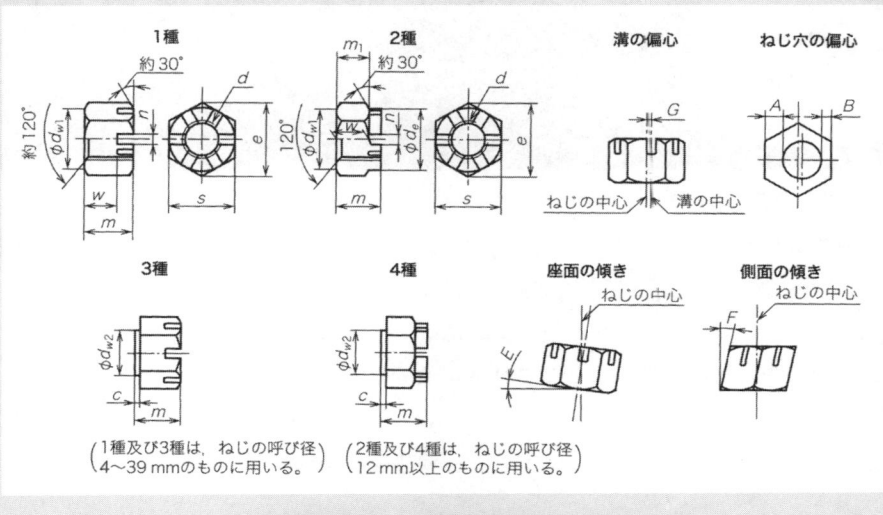

溝付き六角ナットの形状（JIS B 1170）

【解　説】

　溝付き六角ナットは，六角ナットに溝部を設けたものですから六角部の形は六角ナットと同じ形状をしています。したがって，六角部の寸法は，ISO によらない JIS 独自の六角ナットの寸法に一致しています。

　強度区分も ISO によらない JIS 独自の六角ナットの強度区分ですから注意してください。ステンレス鋼製の強度は受渡当事者間の協定となっています。これらの仕様の詳細は，JIS B 1181（六角ナット）の附属書を参照してください。

chapter 4 ● *101*

07 溶接ナットについて知る

溶接ナットは，JIS B 1196（溶接ナット）に規定されています。

【規定内容】

溶接ナットは，鋼板にプロジェクション溶接又はスポット溶接して用いる鋼製のナットです。形状及び形式の組合せによる 9 種類があります。形状には，六角，四角，T 形の 3 種類があり，形式には，溶接の方法及びパイロットの有無と溶接部の張出しの有無によって 7 種類に区分されています。

強度区分は 5T と 8T とし，ねじは，M4，M5，M6，M8，M10，M12 の並目ねじ，M8×1，M10×1.25，M12×1.25 の細目ねじの寸法が規定されています。

溶接ナットの種類（JIS B 1196）

種類		摘要		
形状	形式	溶接方法の別	パイロットの有無	張出しの有無
六角溶接ナット	1A 形	プロジェクション溶接	あり	―
	1B 形		なし	―
	1F 形			
四角溶接ナット	1C 形	プロジェクション溶接	―	なし
	1D 形		―	あり
T 形溶接ナット	1A 形	プロジェクション溶接	あり	―
	1B 形		なし	―
	2A 形	スポット溶接	あり	―
	2B 形		なし	―

注記 1　形式中の 1 及び 2 は，プロジェクション溶接及びスポット溶接の別を，A 及び B はパイロットの有無を，C 及び D は溶接部の張出しの有無を示す。
注記 2　1F 形は，1B 形で上面・下面の逃げがないものであり，強度区分 5T 用のナット高さは四角溶接ナットに準じている。

溶接ナットの寸法（JIS B 1196）

種類		形状・寸法
六角溶接ナット	1A 形及び 1B 形	表 4
	1F 形	表 5
四角溶接ナット	1C 形及び 1D 形	表 6
T 形溶接ナット	1A 形及び 1B 形	表 7
	2A 形及び 2B 形	表 8

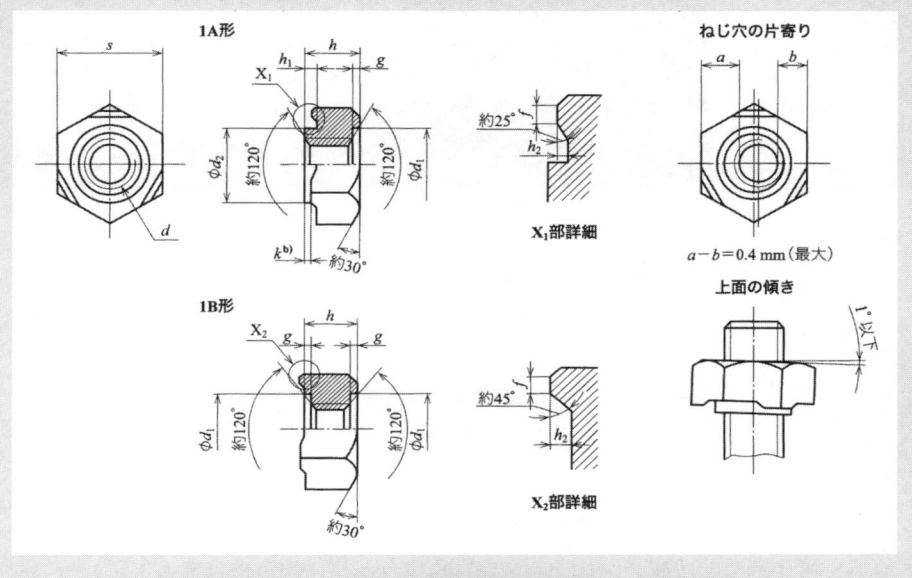

六角溶接ナット(1A形及び1B形)の形状(JIS B 1196)

【解　説】

　溶接ナットは，ねじ締結前にナットを鋼板に溶接してナットを固定します。一般のナットの仕様以外に溶接強さを確認するための試験方法を参考として載せています。溶接強さを確認するための押込みはく離強さとトルクはく離強さの試験方法があります。供試品を冷延鋼板(SPCC)に溶接して行う試験です。

chapter 4　●　103

08 プリベリングトルク形ナットについて知る

プリベリングトルク形ナットは，JIS B 1199-1（プリベリングトルク形ナット－第1部）などに規定されています。

【規定内容】

プリベリングトルク形ナットは，ナットの一部に戻り止めのための仕掛けが施され，相手側おねじ部品にねじ込み又はねじ戻す時に規定のトルクが発生するナットです。

形状によって六角とフランジ付き六角とがあり，プリベリングトルク機構によって非金属インサート付きと全金属製とに分類して，種類，形状・寸法，製品仕様などを規定しています。

非金属インサート付き六角ナットは，JIS B 1199-1（プリベリングトルク形ナット－第1部：非金属インサート付き六角ナット）に規定されています。

全金属製六角ナットは，JIS B 1199-2（プリベリングトルク形ナット－第2部：全金属製六角ナット）に規定されています。

非金属インサート付きフランジ付き六角ナットは，JIS B 1199-3（プリベリングトルク形ナット－第3部：非金属インサート付きフランジ付き六角ナット）に規定されています。

全金属製フランジ付き六角ナットは，JIS B 1199-4（プリベリングトルク形ナット－第4部：全金属製フランジ付き六角ナット）に規定されています。

それぞれ次の表のように分類し，強度区分に応じた保証荷重値，締付け軸力，プリベリングトルクなどが規定されています。

【解　説】

プリベリングトルクは，相手側おねじ部品に軸力を発生することなく，相手側おねじ部品にナットをねじ込み又はねじ戻すための規定トルクです。プリベリングトルク，トルク／締付け軸力は，JIS B 1056（プリベリングトルク形鋼製六角ナット－機械的性質及び性能）に規定されていますので参照してください。

プリベリングトルク形ナットの日本工業規格（JIS B 1199 シリーズ）と国際規格（網掛け部：JIS B 1199-1）

グループ		種類		強度区分	国際規格	日本工業規格
形 状	プリベリングトルク機構	スタイル	ねじ			
六 角	非金属インサート	スタイル1	並目ねじ	5, 8, 10	ISO 7040	JIS B 1199-1
			細目ねじ	6, 8, 10	ISO 10512	
		スタイル2	並目ねじ	9, 12	ISO 7041	
		低形	並目ねじ	04, 05	ISO 10511	
	全金属製	スタイル1	並目ねじ	5, 8, 10	ISO 7719	JIS B 1199-2
		スタイル2	並目ねじ	5, 8, 10, 12	ISO 7042	
			並目ねじ	9	ISO 7720	
			細目ねじ	8, 10, 12	ISO 10513	
フランジ付き六角	非金属インサート	―	並目ねじ	8, 9, 10	ISO 7043	JIS B 1199-3
		―	細目ねじ	6, 8, 10	ISO 12125	
	全金属製	―	並目ねじ	8, 9, 10, 12	ISO 7044	JIS B 1199-4
		―	細目ねじ	6, 8, 10	ISO 12126	

▼ One Point Column　ねじの頭部

　ねじの頭部がすり減り，ねじをうまく回せなくなった経験が，一度や二度はあるのではないでしょうか。

　その原因は，駆動部の寸法より大きめの工具で締め付ける，あるいは，駆動部にしっかり密着させずに，浮いた状態で回そうとするからです。

　場合によっては，ねじの頭部の硬さが低いことも影響します。ねじの頭部がダメになってしまっては，特別な工具を使わないと取り付けたねじを取り外すことができません。ねじの締付けには注意が必要です。

― One Point Column ◢

chapter 4　● 105

09 ちょうナットについて知る

ちょうナットは，JIS B 1185（ちょうナット）に規定されています。

【規定内容】

ちょうナットは，つまみがちょう形をした手回しで取付け・取外しができるナットです。炭素鋼，可鍛鋳鉄，ねずみ鋳鉄，黄銅鋳物，亜鉛合金ダイカストなどで作られています。翼端が半円形の1種，角形の2種，板のプレス加工による3種，ダイカストによる4種があり，ねじの呼びはM2～M24までの18種類です。

ちょうナット1種の形状・寸法（JIS B 1185）

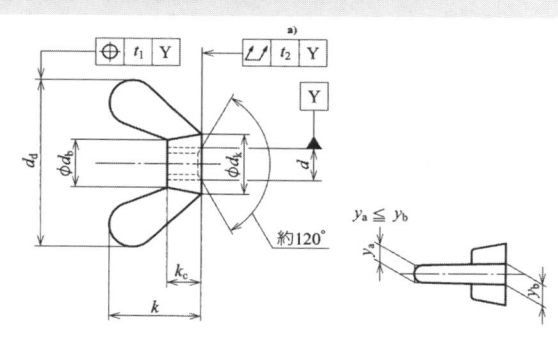

単位 mm

ねじの呼び d	d_k 最小	d_b 約	k_c 最小	d_d 基準寸法	許容差	k 基準寸法	許容差	y_a 最大	y_b 最大	t_1 最大	t_2 最大
M2	4	3	2	12	±1.5	6	±1.5	2.5	3	0.3	0.11
M2.2											
M2.5	5	4	3	16		8		2.5	3		0.13
M3										0.4	
M4	7	6	4	20		10		3	4		0.19
M5	8.5	7	5	25		12		3.5	4.5	0.5	0.23
M6	10.5	9	6	32	±2	16		4	5		0.29
M8	14	12	8	40		20		4.5	5.5	0.6	0.39
M10	18	15	10	50		25		5.5	6.5	0.7	0.50
M12	22	18	12	60		30		7	8	1	0.61
(M14)	26	22	14	70		35	±2	8	9	1.1	0.72
M16										1.2	
(M18)	30	25	16	80		40		8	10	1.4	0.83
M20*	34	28	18	90	±2.5	45		9	11	1.5	0.94
(M22)	38	32	20	100		50		10	12	1.6	1.06
M24*	43	36	22	112		56		11	13	1.8	1.20

【解　説】

　締付け工具を使わずに手で回して取り付けるちょうナットです。したがって，強度区分の規定はありませんが，規定のトルクを加える保証トルク試験に合格することを求めています。

　ちょうナットは取付け・取外しを手動で行う部分の固定に用いられる簡単で便利な締結部品です。しかし，苛酷な外力が掛かる部分や強固な締付けが要求される箇所には使用しません。

▼*One Point Column*　**台形ねじの記号**

台形ねじの種類記号について紹介します。

　　Tr　　：JIS で規定された ISO メートル台形ねじの記号
　　TM　：旧 JIS（ISO メートル台形ねじによらない）の台形ねじの記号
　　TW　：山の角度が 29°のインチ系台形ねじの記号
　　Acme：米国規格による台形ねじの記号

記号が違うように，それぞれ寸法が異なります。
確かめて使用する必要があります。

One Point Column◢

10 その他のナットについて知る

その他のナットには，JIS B 1163（四角ナット）などが規定されています。

【規定内容】

ねじの呼びが M3 ～ M24，強度区分が 4T、5T、6T の鋼製の**四角ナット**は，JIS B 1163（四角ナット）に規定されています。

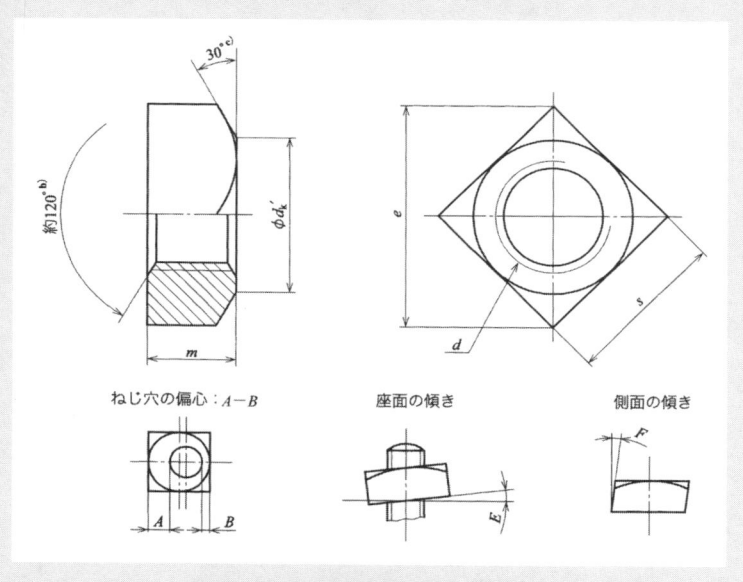

四角ナットの形状（JIS B 1163）

M8 ～ M64 の 11 サイズ と M80×6 の**アイナット**は，JIS B 1169（アイナット）に規定されています。使用荷重は，サイズによって，0.765 kN ～ 147 kN（垂直づりの場合）があります。

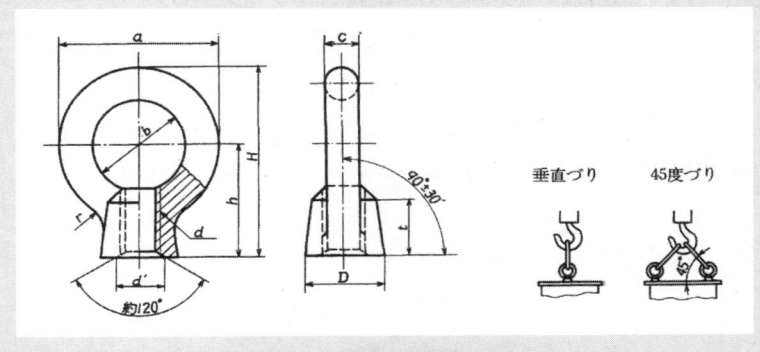

アイナットの形状（JIS B 1169）

フランジ付き六角ナットは，JIS B 1190（フランジ付き六角ナット）に規定されています．並目ねじと細目ねじとがあり，強度区分が 8，9，10，12 と高い機械的性質をもっています．ISO によらない JIS 独自のナットでは，強度区分が 6T，8T，10T となっています．

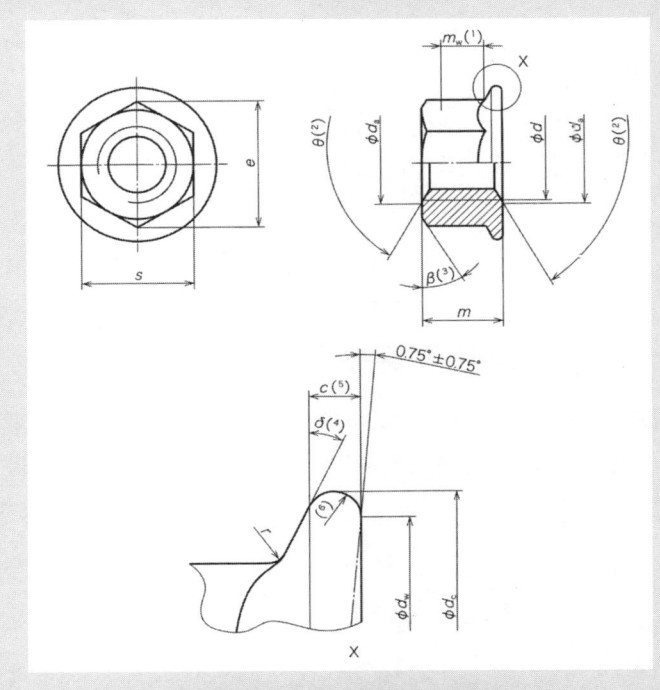

フランジ付き六角ナットの形状（JIS B 1190）

chapter 4　109

フランジ付き六角溶接ナットは，JIS B 1200（フランジ付き六角溶接ナット）に規定されています。強度区分 10，スタイル 1 の保証荷重値を満たす M5，M6，M8，M10，M12，M14，M16 の並目ねじがあります。

また，強度区分 10，スタイル 2 の保証荷重値を満たす M8×1，M10×1.25，M12×1.25，M12×1.5，M14×1.5，M16×1.5 の細目ねじがあります。

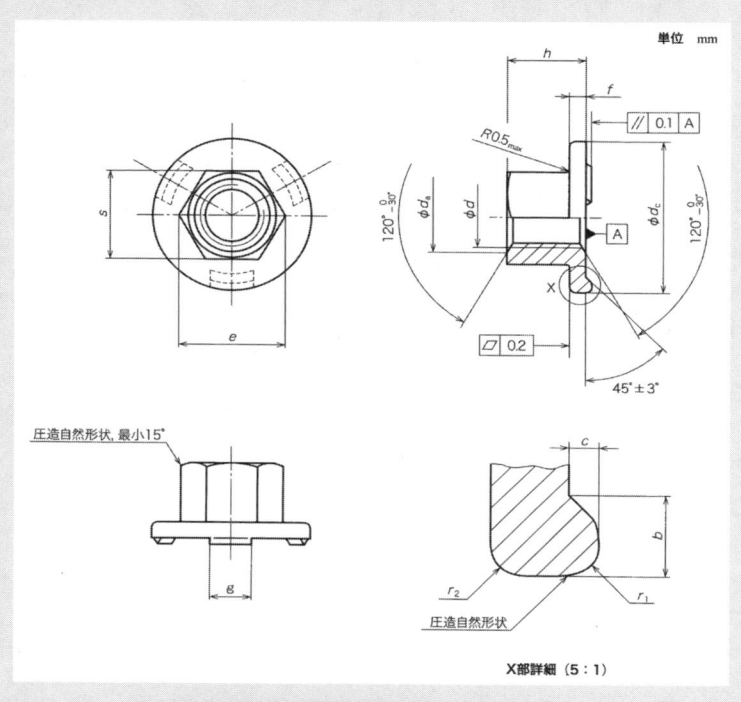

フランジ付き六角溶接ナットの形状（JIS B 1200）

押込みばね板ナットは，JIS B 1216（押込みばね板ナット）に規定されています。角形と丸形の種類があり，鋼製とステンレス鋼製でナットの呼びが 2 〜 12 mm まであります。

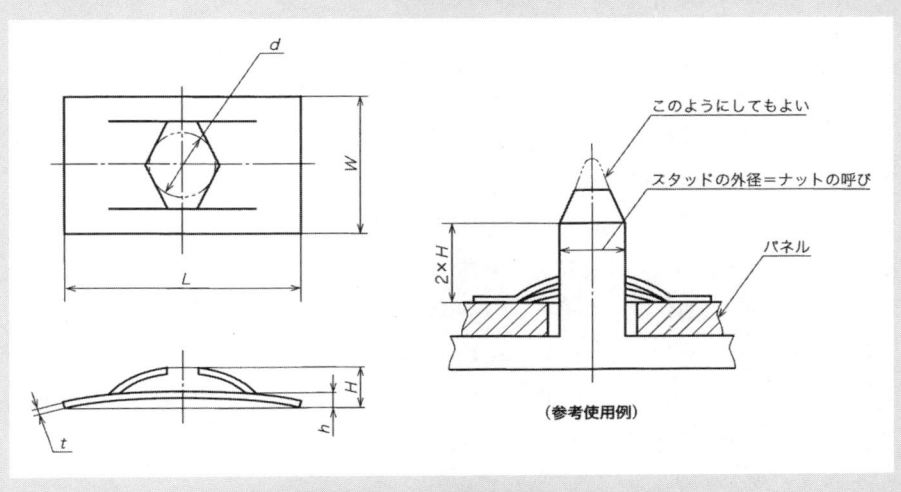

押込みばね板ナット（角形）の形状（JIS B 1216）

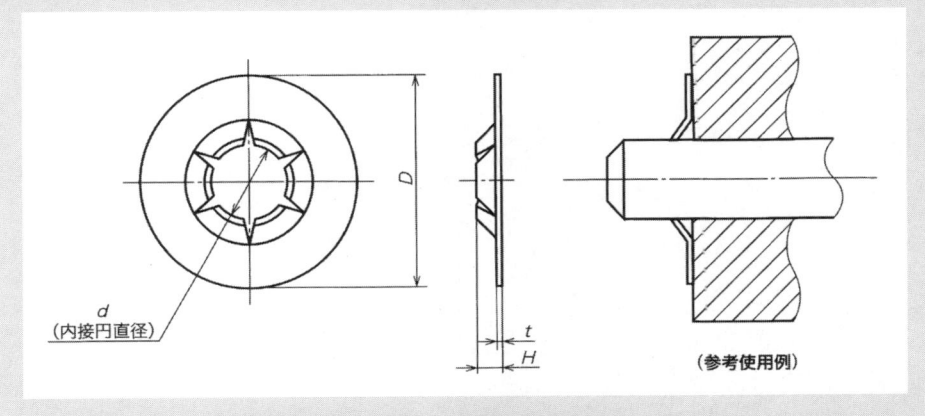

押込みばね板ナット（丸形）の形状（JIS B 1216）

chapter 4　111

【解　説】

　四角ナットは、外形が四角のナットで特別な場合に用いられます。

　アイナットは、機械器具類の吊上げに使う環状の輪（リング）が付いているので、ここにフックをかけて使います。

　フランジ付き六角ナットは、座面の面積を大きくするため、直径が六角対角距離より大きい円すい状のつばをもつ六角ナットです。フランジ付き六角溶接ナットは、円すい状のつばをもつ溶接ナットです。

　押込みばね板ナットは、ねじを切っていないスタッドにナットを差し込み、ナットのばね作用及びつめ（爪）部の抜け止め作用によってスタッドを保持し、被保持部品とパネルとを締結保持するもので、軽度の締結力でよい場合に使われます。

CHAPTER 5
タッピンねじ

01 タッピンねじの種類を知る ･･････････････ 114
02 タッピンねじの寸法を知る ･･････････････ 116
03 タッピンねじの強度を知る ･･････････････ 118
04 ドリルねじについて知る ････････････････ 120

01 タッピンねじの種類を知る

タッピンねじの種類は，JIS B 0101（ねじ用語）に規定されています。

【規定内容】

　タッピンねじは，ねじ自身でねじ立てができるねじの総称で，頭部の形状，ねじ先の形状などによって分類します。ねじ頭を回す駆動部の形状は，すりわり，十字穴，六角頭，ヘクサロビュラ穴などがあります。

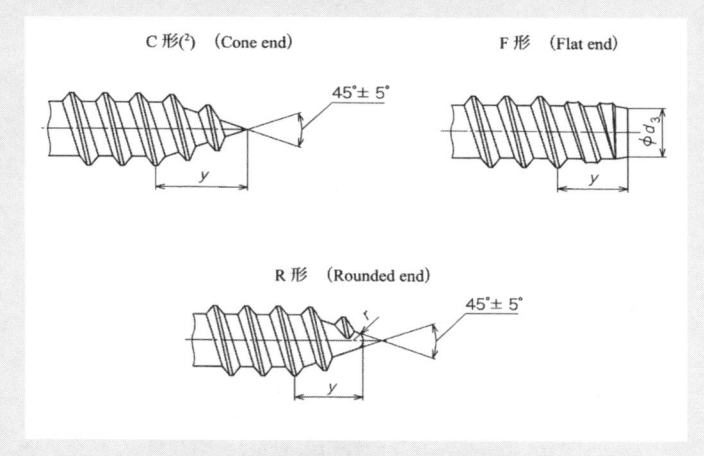

タッピンねじのねじ先（JIS B 0101）

　頭部の形状は，なべ，皿，丸皿，トラス，バインド，プレジャ，トランペット，フレキ，六角，つば付き六角，フランジ付き六角などがあります。ねじ先は，1種，2種，3種，4種などが JIS B 1007（タッピンねじのねじ部）に規定されています。

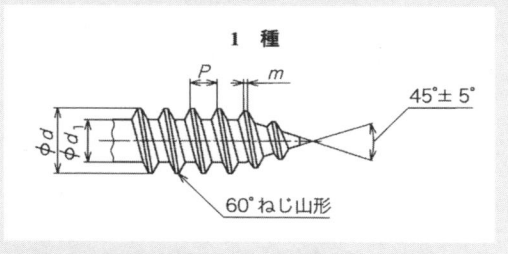

タッピンねじ部（1種）の形状（JIS B 1007）

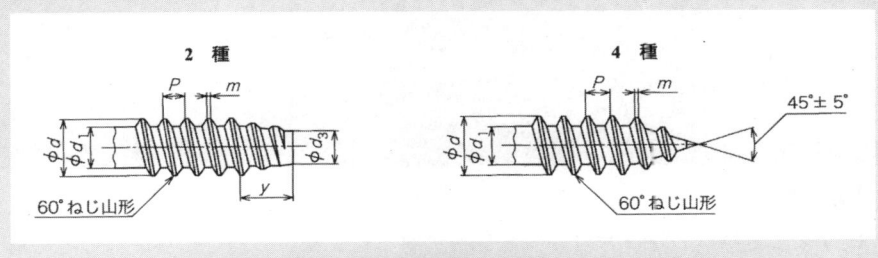

タッピンねじ部（2種及び4種）の形状（JIS B 1007）

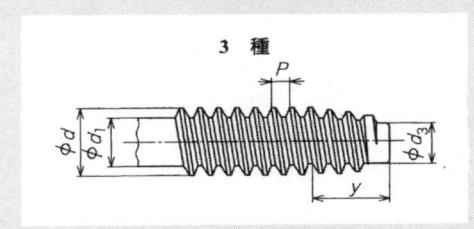

タッピンねじ部（3種）の形状（JIS B 1007）

【解説】

タッピンねじは，被締結部材の下穴にねじ込んでめねじを成形して締結するもので，建材ボードの取付け，薄鋼板の取付けなどに広く使われます。タッピンねじの形状・寸法，機械的性質などが ISO によるものと，日本独自の JIS によるものとがありますので注意してください。

タッピンねじの JIS には，次の JIS がありますので参照してください。

- JIS B 1115　すりわり付きタッピンねじ
- JIS B 1122　十字穴付きタッピンねじ
- JIS B 1123　六角タッピンねじ
- JIS B 1125　ドリリングタッピンねじ
- JIS B 1126　つば付き六角タッピンねじ
- JIS B 1127　フランジ付き六角タッピンねじ
- JIS B 1128　ヘクサロビュラ穴付きタッピンねじ
- JIS B 1130　平座金組込みタッピンねじ

chapter 5

02 タッピンねじの寸法を知る

タッピンねじの寸法は，JIS B 1007（タッピンねじのねじ部）に規定されています。

【規定内容】

ISO によるねじの呼び ST1.5 〜 ST9.5 のタッピンねじのねじ山及びねじ先の形状・寸法が JIS B 1007（タッピンねじのねじ部）に規定されています。また，ISO によらない JIS 独自のねじ部1種〜4種の形状・寸法が附属書に規定されています。

タッピンねじの寸法（JIS B 1007）

単位 mm

ねじの呼び		ST 1.5	ST 1.9	ST 2.2	ST 2.6	ST 2.9	ST 3.3	ST 3.5	ST 3.9	ST 4.2	ST 4.8	ST 5.5	ST 6.3	ST 8	ST 9.5
p	約	0.5	0.6	0.8	0.9	1.1	1.3	1.3	1.3	1.4	1.6	1.8	1.8	2.1	2.1
d_1	最大	1.52	1.90	2.24	2.57	2.90	3.30	3.53	3.91	4.22	4.80	5.46	6.25	8.00	9.65
	最小	1.38	1.76	2.10	2.43	2.76	3.12	3.35	3.73	4.04	4.62	5.28	6.03	7.78	9.43
d_2	最大	0.91	1.24	1.63	1.90	2.18	2.39	2.64	2.92	3.10	3.58	4.17	4.88	6.20	7.85
	最小	0.84	1.17	1.52	1.80	2.08	2.29	2.51	2.77	2.95	3.43	3.99	4.70	5.99	7.59
d_3	最大	0.79	1.12	1.47	1.73	2.01	2.21	2.41	2.67	2.84	3.30	3.86	4.55	5.84	7.44
	最小	0.69	1.02	1.37	1.60	1.88	2.08	2.26	2.51	2.69	3.12	3.68	4.34	5.64	7.24
c	最大	0.1	0.1	0.1	0.1	0.1	0.1	0.1	0.1	0.15	0.15	0.15	0.15	0.15	0.15
r[3]	約	—	—	—	—	—	—	0.5	0.6	0.6	0.7	0.8	0.9	1.1	1.4
y[4] 約	C 形	1.4	1.6	2	2.3	2.6	3	3.2	3.5	3.7	4.3	5	6	7.5	8
	F 形	1.1	1.2	1.6	1.8	2.1	2.5	2.5	2.7	2.8	3.2	3.6	3.6	4.2	4.2
	R 形	—	—	—	—	—	—	2.7	3	3.2	3.6	4.3	5	6.3	8
番号[5]		0	1	2	3	4	5	6	7	8	10	12	14	16	20

注[3] r の寸法は参考とし，先端は，完全な球面でなくてもよいが，鋭くとがっていてはならない。
[4] y は，ねじ先の長さを示す。
[5] 番号は，旧規格で用いていた"呼び番号（参考）"である。

タッピンねじ部（1種）の寸法（JIS B 1007）

単位 mm

呼び径		3	3.5	4	4.5	5	6	8
d	最大	3.1	3.65	4.15	4.65	5.2	6.2	8.2
	最小	3	3.5	4	4.5	5	6	8
d_1	最大	2.2	2.6	3	3.3	3.7	4.5	6
	最小	2.1	2.5	2.9	3.2	3.5	4.3	5.8
P		1.06	1.41	1.59	1.81	2.12	2.54	2.82
ねじの山数	25.4 mm につき	24	18	16	14	12	10	9
m	最大	0.1					0.15	

備考 テーパ部には，その長さの $\frac{1}{2}$ 以上の部分にわたってねじ山がなければならない。

タッピンねじの頭部及びねじ長さの形状・寸法は，それぞれの製品規格の JIS に規定されていますので本章の 01 を参照してください。

【解　説】

タッピンねじは，ねじ部と頭部の組合せによって多くの種類のものがあります。例えば，十字穴付きタッピンねじの場合，頭部はなべ，皿，丸皿で，ねじ部は C 形と F 形で，ねじの呼びが，

　　ST2.2，ST2.9，ST3.5，ST4.2，ST4.8，ST5.5，ST6.3，ST8，ST9.5

の 9 サイズがあります。JIS 独自の場合には，頭部はなべ，皿，丸皿，トラス，バインド，プレジャで，ねじ部は 1 種〜 4 種で，呼び径が，

　　2，2.5，3，3.5，4，4.5，5，6

の 8 サイズあります。

ISO 規格による寸法と JIS 独自の寸法とが混在しているので，部品調達が複雑です。六角ボルト，六角ナットなどと同様に国際整合へのソフトランディングの道筋を示すことが大きな課題です。

▼ One Point Column　ユニファイねじの寸法単位

ユニファイねじの起源は，第二次大戦中に米国，英国，カナダの 3 ヵ国が軍事上の理由からインチねじの規格の統一を合意して作られたものです。インチねじは，寸法の単位がインチですが，米国規格（ANSI）では，インチ単位をミリメートル単位に換算した規格も制定されています。

One Point Column ◢

03 タッピンねじの強度を知る

タッピンねじの強度は，JIS B 1055（タッピンねじ－機械的性質）に規定されています。

【規定内容】

ねじの呼び ST2.2 ～ ST8 までの熱処理を施した鋼製のタッピンねじの表面硬さを 450 HV0.3 とし，硬化層深さ，心部硬さ，ねじ込み性，ねじり強さなどが JIS B 1055（タッピンねじ－機械的性質）に規定されています。

タッピンねじの硬化層深さ（JIS B 1055）

単位 mm

ねじの呼び	硬化層深さ	
	最小	最大
ST2.2，ST2.6	0.04	0.10
ST2.9，ST3.3，ST3.5	0.05	0.18
ST3.9，ST4.2，ST4.8，ST5.5	0.10	0.23
ST6.3，ST8	0.15	0.28

タッピンねじのねじり強さ（JIS B 1055）

単位 N・m

ねじの呼び	最小ねじり強さ
ST2.2	0.45
ST2.6	0.9
ST2.9	1.5
ST3.3	2
ST3.5	2.7
ST3.9	3.4
ST4.2	4.4
ST4.8	6.3
ST5.5	10
ST6.3	13.6
ST8	30.5

また，JIS 独自の 1 種〜 4 種のタッピンねじの機械的性質として，鋼製のものでは硬さ（表面及び心部），浸炭硬化層深さ，ねじり強さ，頭部のじん性，ステンレス鋼製のものでは硬さ，ねじり強さ，頭部のじん性などが規定されています。

タッピンねじの硬さ－表面及び心部（JIS B 1055）

区分	ビッカース硬さ	
	最小	最大
表面硬さ	450 HV	—
心部硬さ	200 HV	400 HV

タッピンねじの浸炭硬化層深さ（JIS B 1055）

単位 mm

呼び径	浸炭硬化層深さ	
	最小	最大
2, 2.5	0.04	0.10
3, 3.5	0.05	0.18
4, 4.5, 5	0.10	0.23
6, 8	0.15	0.28

タッピンねじのねじりトルク（JIS B 1055）

単位 N・m

	呼び径(mm)	2	2.5	3	3.5	4	4.5	5	6	8
ねじ部の種類	1種	—	—	1.37	2.26	3.53	4.80	6.47	11.77	28.44
	2種, 4種	0.42	0.88	1.57	2.55	3.53	5.20	7.06	12.75	29.91
	3種	0.39	0.91	1.67	2.55	3.73	5.59	7.94	13.24	33.83

【解　説】

タッピンねじの強度は，硬さとじん性で表されます。タッピンねじの表面は，熱処理を施して硬くし，心部でじん性を確保しているので，硬さの管理が重要です。時間経過によって頭が破断しないように作りこみへの十分な配慮が必要です。特に，めっきを施す場合には水素脆化を防止するベーキング処理が行われます。

04 ドリルねじについて知る

ドリルねじは，JIS B 1059（タッピンねじのねじ山をもつドリルねじ－機械的性質及び性能）などに規定されています。

【規定内容】

ドリルねじの表面硬さを 530 HV0.3 とし，心部硬さをねじの呼び ST4.2 以下では，320 HV5 ～ 400 HV5，ST4.2 を超えるものは 320 HV10 ～ 400 HV10 とし，硬化層深さ，ねじ下穴あけ性能，ねじ山の成形性能，ねじり強さなどの機械的性質が JIS B 1059（タッピンねじのねじ山をもつドリルねじ－機械的性質及び性能）に規定されています。

ドリルねじの硬化層深さ（JIS B 1059）

ねじの呼び	硬化層深さ mm	
	最小	最大
ST2.9，ST3.5	0.05	0.18
ST4.2～ST5.5	0.10	0.23
ST6.3	0.15	0.28

ドリルねじの最小ねじり強さ（JIS B 1059）

ねじの呼び	最小ねじり強さ　N・m
ST 2.9	1.5
ST 3.5	2.8
ST 4.2	4.7
ST 4.8	6.9
ST 5.5	10.4
ST 6.3	16.9

ST2.9 ～ ST6.3 のタッピンねじのねじ山をもつ鋼製のドリルねじについて，つば付き六角，十字穴付きなべ，十字穴付き皿，十字穴付き丸皿の種類の形状・寸法が JIS B 1124（タッピンねじのねじ山をもつドリルねじ）に規定されています。

ドリルねじ・つば付き六角の形状・寸法（JIS B 1124）

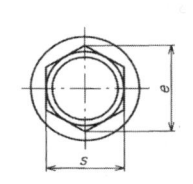

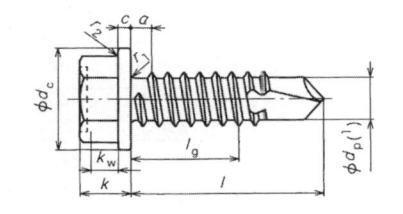

単位 mm

ねじの呼び		ST2.9	ST3.5	ST4.2	ST4.8	ST5.5	ST6.3
P ([2])		1.1	1.3	1.4	1.6	1.8	1.8
a ([3])	最大	1.1	1.3	1.4	1.6	1.8	1.8
d_c	最大	6.3	8.3	8.8	10.5	11	13.5
	最小	5.8	7.6	8.1	9.8	10	12.2
c	最小	0.4	0.6	0.8	0.9	1	1
s	呼び＝最大	4.00 ([4])	5.50	7.00	8.00	8.00	10.00
	最小	3.82	5.32	6.78	7.78	7.78	9.78
e	最小	4.28	5.96	7.59	8.71	8.71	10.95
k	呼び＝最大	2.8	3.4	4.1	4.3	5.4	5.9
	最小	2.5	3.0	3.6	3.8	4.8	5.3
k_w ([5])	最小	1.3	1.5	1.8	2.2	2.7	3.1
r_1	最大	0.4	0.5	0.6	0.7	0.8	0.9
r_2	最大	0.2	0.25	0.3	0.3	0.4	0.5
穴あけの範囲	以上	0.7	0.7	1.75	1.75	1.75	2
(適用板厚) ([6])	以下	1.9	2.25	3	4.4	5.25	6

　また，ISO 規格によらない JIS 独自の鋼製ドリルねじ及びマルテンサイト系ステンレス鋼製ドリルねじの形状・寸法，硬さ，硬化層深さ，ねじ下穴あけ性能，ねじ山の成形性能，ねじり強さなどが JIS B 1124（タッピンねじのねじ山をもつドリルねじ）の附属書に規定されています。

chapter 5　121

ISO によらないドリルねじの種類及び形状・寸法（JIS B 1124）

種類	ねじの呼び	ねじ部の形状・寸法	材質	ねじ部以外の形状・寸法
つば付き六角	ST4.2 ST4.8	JIS B 1007 本体の ST ねじ	ステンレス	本体の付表 1.1
	5 6	附属書 1 付表 1	鋼 ステンレス	附属書 1 付表 2
十字穴付きなべ	ST3.5 ST4.2 ST4.8	JIS B 1007 本体の ST ねじ	ステンレス	本体の付表 2.1
	5 6	附属書 1 付表 1	鋼 ステンレス	附属書 1 付表 3
十字穴付き皿	ST3.5 ST4.2 ST4.8	JIS B 1007 本体の ST ねじ	ステンレス	本体の付表 3.1
	5 6	附属書 1 付表 1	鋼 ステンレス	附属書 1 付表 4
十字穴付き丸皿	ST3.5 ST4.2 ST4.8	JIS B 1007 本体の ST ねじ	ステンレス	本体の付表 4.1
	5 6	附属書 1 付表 1	鋼 ステンレス	附属書 1 付表 5
十字穴付きトランペット	ST3.5 ST4.2	JIS B 1007 本体の ST ねじ	鋼 ステンレス	附属書 1 付表 6

【解　説】

　ドリルねじは，タッピンねじのねじ山及び下穴加工用のドリル部分をもつねじです。ドリル部分で下穴を加工後，それにつながるタッピンねじ部分で，切削又は非切削によってかみ合うめねじのねじ山を成形するものです。

　タッピンねじのねじ部が ISO 規格の ST ねじと，JIS 独自の形状・寸法をもつものとがありますので注意が必要です。

　ドリルねじは形鋼に直接ねじ込んで部材を締結できるので，スチールハウスの構造体に用いられるなど，用途が広がっています。

CHAPTER 6
小ねじ

■■■■■■■■■■■■■■■

01 小ねじの種類を知る・・・・・・・・・・・・・・・・・・・・・124
02 小ねじの寸法を知る・・・・・・・・・・・・・・・・・・・・・127
03 小ねじの強度を知る・・・・・・・・・・・・・・・・・・・・・129
04 木ねじの種類を知る・・・・・・・・・・・・・・・・・・・・・132
05 その他の小ねじについて知る・・・・・・・・・・・・・134

01 小ねじの種類を知る

小ねじの種類は，JIS B 1101（すりわり付き小ねじ）などに規定されています。

【規定内容】

　小ねじは，比較的軸径の小さい頭付きのねじです。ISO 規格が定めている頭の形状には，チーズ，なべ，皿，丸皿の 4 種類があり，JIS ではこれらのほかトラス，バインド，丸，平，丸平などが，JIS B 1101（すりわり付き小ねじ）に規定されています。

　十字穴付き小ねじの種類には，頭部形状がチーズ（すりわり付きの場合だけ），なべ，皿及び丸皿があり，JIS B 1111（十字穴付き小ねじ）に規定されています。材料が鋼製，ステンレス鋼製及び非鉄金属製で，鋼製のすりわり付き小ねじの強度区分は，4.8 及び 5.8，十字穴付き小ねじの強度区分は，4.8，8.8 です。

小ねじの種類（JIS B 1101）

種類	対応国際規格
すりわり付きチーズ小ねじ	ISO 1207：1992
すりわり付きなべ小ねじ	ISO 1580：1994
すりわり付き皿小ねじ	ISO 2009：1994
すりわり付き丸皿小ねじ	ISO 2010：1994

　すりわり付き小ねじの種類には，なべ，皿，丸皿，トラス，バインド，丸，平，丸平が JIS B 1101 の附属書に規定されています。**十字穴付き小ねじ**の種類には，なべ，皿，丸皿，トラス，バインド，丸が JIS B 1111 の附属書に規定されています。材料が鋼製，ステンレス鋼製及び黄銅製で，強度区分は，4.8 及び 8.8 の 2 種類です。

　ヘクサロビュラ穴付き小ねじは，ねじの呼びが M2 〜 M10 までの 9 サイズが JIS B 1107（ヘクサロビュラ穴付き小ねじ）に規定されています。チーズ小ねじの強度区分は，鋼製の場合で 4.8 及び 5.8 の 2 種類，ステンレス鋼製の場合で A2-50，A2-70，A3-50 及び A3-70 の 4 種類です。なべ小ねじ及び丸皿小ねじの

強度区分は，鋼製の場合で 4.8，ステンレス鋼製の場合で A2-70 及び A3-70 です。

ヘクサロビュラ穴付き小ねじの種類（JIS B 1107）

種類	対応国際規格
ヘクサロビュラ穴付きチーズ小ねじ	ISO 14580:2001
ヘクサロビュラ穴付きなべ小ねじ	ISO 14583:2001
ヘクサロビュラ穴付き丸皿小ねじ	ISO 14584:2001

　精密機器用すりわり付き小ねじは，頭部形状が皿，丸皿，平，丸平で，頭部径の大きさによって 1 種，2 種，3 種が JIS B 1116（精密機器用すりわり付き小ねじ）に規定されています。材料が鋼製，黄銅製及びステンレス鋼で，ねじの呼びが M1.2，M1.4，M1.6，M2，M2.2 及び M2.5 の 6 サイズです。

　眼鏡枠用小ねじは，すりわり付きで，平，面取り平，面取り平皿，丸平，丸平皿，丸，なべの 7 種類が JIS B 1119（眼鏡枠用小ねじ及びナット）に規定されています。十字穴付きで，平，なべ，なべ皿の 3 種類があります。材料がステンレス鋼製，黄銅製及び洋白製で，ねじの呼びがすりわり付きの場合，M1，M1.2，M1.4，M1.6 及び M2 の 5 サイズ，十字穴すりわり付きの場合，M1，M1.2，M1.4 及び M1.6 の 4 サイズです。

　座金組込み十字穴付き小ねじは，なべ，皿，丸皿，トラス及びバインドに平座金，ばね座金，歯付き座金，皿ばね座金などの座金を組み込んだ種類が JIS B 1188（座金組込み十字穴付き小ねじ）に規定されています。鋼製及び黄銅製の組み込みねじの種類を，次に示します。

鋼組み小ねじの種類（JIS B 1188）

鋼小ねじ本体の種類		鋼座金の種類								呼び径の範囲
		平座金		ばね座金 (¹)	歯付き座金		皿ばね座金 (²)	ばね座金と小形丸 (¹)	ばね座金とみがき丸 (¹)	外歯形歯付き座金とみがき丸	mm
		小形丸	みがき丸		外歯形	皿形					
十字穴付き	なべ小ねじ	○	○	○	○		○	○	○	○	2〜8
	皿小ねじ					○					3〜8
	丸皿小ねじ					○					3〜8
	トラス小ねじ		○	○	○		○		○	○	2〜8
	バインド小ねじ		○	○	○		○		○	○	2〜8

黄銅組み小ねじの種類（JIS B 1188）

黄銅小ねじ本体の種類		銅合金座金の種類								呼び径の範囲 mm
		平座金		(³)ばね座金	歯付き座金		(³)ばね座金と小形丸	(³)ばね座金とみがき丸	みがき丸と外歯形歯付き座金	
		小形丸	みがき丸		外歯形	皿形				
十字穴付き	なべ小ねじ	○	○	○	○		○	○	○	2〜8
	皿小ねじ					○				3〜8
	丸皿小ねじ					○				3〜8
	トラス小ねじ	○	○	○				○	○	2〜8
	バインド小ねじ	○	○	○				○	○	2〜8

注(³) 黄銅小ねじ本体と組み合わせるばね座金は，りん青銅製の組込み用2号を適用する。
　なお，この組込み用2号は，**JIS B 1251** に規定する2号と断面の形状・寸法が同じで，内径が異なるものである。

【解　説】

　小ねじは，家庭で見かける家具，建具などに使われるものから，機械，電気，自動車など多くの産業分野で使われるポピュラーな製品です。

　すりわり付き及び十字穴付き小ねじには，ISO規格によるものとJIS独自の寸法，機械的性質のものとがあるので注意が必要です。

　座金組込み小ねじに組み込まれる座金は，JIS B 1251（ばね座金）の附属書及びJIS B 1258（座金組込みねじ用平座金－小形，並形及び大形系列－部品等級A）を参照してください。

▼One Point Column　**二面幅の寸法**

　JIS B 1180の附属書に規定されている並形六角ボルトのねじの呼び径10，12，14，22 mmの二面幅の寸法が，ISO規格と異なることから，国際整合の推進に大きな障害となっています。締結機能を左右しない寸法の小差だけに，技術的な論争を起こすことではなく，経済的な視点からの論争に終始する政治的な課題になっています。

　力をもつものが市場原理に委ねるという結論を導くのか，弱者に思いを寄せて，被害を最小限に留める方策へ導くのか，関係者の苦悩が続く標準化の課題でもあります。

One Point Column▲

02 小ねじの寸法を知る

小ねじの寸法は，JIS B 1101（すりわり付き小ねじ）などに規定されています。

【規定内容】

　小ねじの寸法は，なべ，皿などの頭部の形状ごとに M1.6〜M10 までのねじの呼び，ピッチ，頭部の径，頭部の高さ，呼び長さ，ねじ部長さなどが JIS B 1101（すりわり付き小ねじ）及び JIS B 1111（十字穴付き小ねじ）に規定されています。

すりわり付きなべ小ねじの形状・寸法（JIS B 1101）

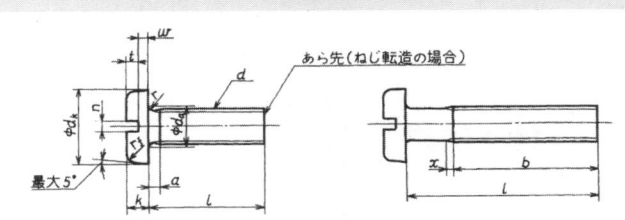

単位 mm

ねじの呼び d (⁴)		M1.6	M2	M2.5	M3	(M3.5)	M4	M5	M6	M8	M10
ピッチ (P)		0.35	0.4	0.45	0.5	0.6	0.7	0.8	1	1.25	1.5
a	最大	0.7	0.8	0.9	1	1.2	1.4	1.6	2	2.5	3
b	最小	25	25	25	25	38	38	38	38	38	38
d_k	呼び=最大	3.2	4.0	5.0	5.6	7.00	8.00	9.50	12.00	16.00	20.00
	最小	2.9	3.7	4.7	5.3	6.64	7.64	9.14	11.57	15.57	19.48
d_a	最大	2	2.6	3.1	3.6	4.1	4.7	5.7	6.8	9.2	11.2
k	呼び=最大	1.00	1.30	1.50	1.80	2.10	2.40	3.00	3.6	4.8	6.0
	最小	0.86	1.16	1.36	1.66	1.96	2.26	2.86	3.3	4.5	5.7
n	呼び	0.4	0.5	0.6	0.8	1	1.2	1.2	1.6	2	2.5
	最大	0.60	0.70	0.80	1.00	1.20	1.51	1.51	1.91	2.31	2.81
	最小	0.46	0.56	0.66	0.86	1.06	1.26	1.26	1.66	2.06	2.56
r	最小	0.1	0.1	0.1	0.1	0.1	0.2	0.2	0.25	0.4	0.4
r_f	参考	0.5	0.6	0.8	0.9	1	1.2	1.5	1.8	2.4	3
t	最小	0.35	0.5	0.6	0.7	0.8	1	1.2	1.4	1.9	2.4
w	最小	0.3	0.4	0.5	0.7	0.8	1	1.2	1.4	1.9	2.4
x	最大	0.9	1	1.1	1.25	1.5	1.75	2	2.5	3.2	3.8

l (⁵)		(参考) 1000 個当たりの概略質量・単位 kg（密度：7.85 kg/dm³）									
呼び長さ (⁴)	最小　最大										
2	1.8　2.2	0.075									
2.5	2.3　2.7	0.081	0.152								
3	2.8　3.2	0.087	0.161	0.281							
4	3.76　4.24	0.099	0.18	0.311	0.463						
5	4.76　5.24	0.11	0.198	0.341	0.507	0.825	1.16				
6	5.76　6.24	0.122	0.217	0.371	0.551	0.885	1.24	2.12			
8	7.71　8.29	0.145	0.254	0.431	0.639	1	1.39	2.37	4.02		
10	9.71　10.29	0.168	0.292	0.491	0.727	1.12	1.55	2.61	4.37	9.38	
12	11.65　12.35	0.192	0.329	0.551	0.816	1.24	1.7	2.86	4.72	10	18.2
(14)	13.65　14.35	0.215	0.366	0.611	0.904	1.36	1.86	3.11	5.1	10.6	19.2
16	15.65　16.35	0.238	0.404	0.671	0.992	1.48	2.01	3.36	5.45	11.2	20.2

chapter 6　127

JIS B 1101 及び JIS B1111 の小ねじは，M1.6 ～ M10 までの 10 サイズが規定されています。附属書のねじは，すりわり付きで M1 ～ M8 の範囲まで，十字穴付きで M2 ～ M8 の範囲までのサイズが規定されています。

なべ小ねじの形状・寸法（JIS B 1111）

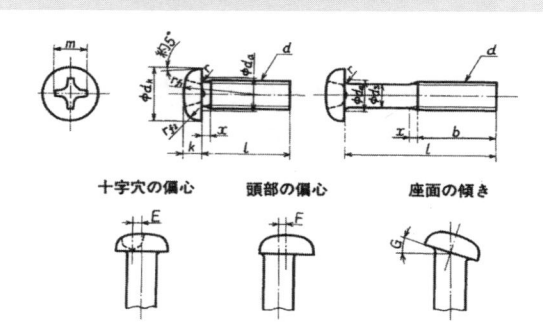

単位 mm

ねじの呼び d	ピッチ (P)	十字穴の番号	d_k 基準寸法	d_k 許容差	k 基準寸法	k 許容差	r_{f1} 約	r_{f2} 約	m 参考	$q^{(11)}$ 最大	r 最小	d_a 最大	$E^{(12)}$ 最大	$F^{(12)}$ 最大	G 最大
※ M2	0.4	1	3.5	0 / −0.4	1.3	±0.1	4.5	0.6	2.2	1.01	0.60	0.1	2.6	0.15	0.1	2°
(M2.2)	0.45		4		1.5		5	0.7	2.4	1.21	0.80	0.1	2.8	0.2	0.15	
※ M2.5	0.45		4.5		1.7		6	0.8	2.6	1.42	1.00	0.1	3.1	0.2	0.15	
※ M3	0.5	2	5.5	0 / −0.5	2	±0.15	7	1.0	3.6	1.43	0.86	0.1	3.6	0.25	0.2	
※ (M3.5)	0.6		6		2.3		8	1.1	3.9	1.73	1.15	0.1	4.1	0.25	0.2	
※ M4	0.7		7		2.6		9	1.3	4.2	2.03	1.45	0.2	4.7	0.3	0.2	
(M4.5)	0.75		8	0 / −0.6	2.9		11	1.5	4.6	2.43	1.84	0.2	5.2	0.35	0.25	
※ M5	0.8		9		3.3		12	1.6	4.9	2.73	2.14	0.2	5.7	0.35	0.25	
※ M6	1	3	10.5	0 / −0.7	3.9	±0.2	14	1.9	6.3	2.86	2.26	0.25	6.8	0.4	0.3	
※ M8	1.25		14	0 / −0.8	5.2		18	2.6	7.8	4.36	3.73	0.4	9.2	0.5	0.4	

【解　説】

小ねじは，比較的ねじ外径の小さい頭付きのねじと思ってください。時計，光学機器などに用いるミニチュアねじは，呼び径が 0.3 mm ～ 1.4 mm としているので，それ以上の大きさのねじを小ねじと分類しています。

すりわり付きも十字穴付きも頭の部分は異なりますが，その他の寸法は同じです。これらの小ねじは，ISO 規格による寸法と ISO 規格によらない JIS 独自の寸法があるので，注意が必要です。

03 小ねじの強度を知る

小ねじの強度は，JIS B 1051（炭素鋼及び合金鋼製締結用部品の機械的性質－第1部）などに規定されています。

【規定内容】

小ねじの強度について，鋼製の場合は，強度区分4.8及び5.8又は8.8として，JIS B 1051（炭素鋼及び合金鋼製締結用部品の機械的性質－第1部：ボルト，ねじ及び植込みボルト）に規定されています。

ステンレス鋼製の場合は，性状区分A2-50及びA2-70又は受渡当事者間の協定としてJIS B 1054-1（耐食ステンレス鋼製締結用部品の機械的性質－第1部ボルト，ねじ及び植込みボルト）に規定されてます。

非鉄金属製の場合は，材質区分でJIS B 1057（非鉄金属製ねじ部品の機械的性質）に規定するものの中のいずれかを受渡当事者間の協定としています。

すりわり付き小ねじの品質（JIS B 1101）

区分		品質		
		鋼小ねじ	ステンレス小ねじ	非鉄金属小ねじ
ねじ	等級	6g ([1])		
	適用規格	JIS B 0205の本体及びJIS B 0209の本体		
機械的性質	区分	強度区分 4.8，5.8	性状区分 A2-50，A2-70	材質区分 ([2]) ―
	適用規格	JIS B 1051の本体	JIS B 1054	JIS B 1057
公差	部品等級	A		
	適用規格	JIS B 1021		
表面処理		一般には施さない。特にめっきその他の表面処理を必要とする場合は，注文者が指定する。 　なお，電気めっきを施す場合は，JIS B 1044による。		
表面欠陥		特に指定がない限りJIS B 1041による。		

注([1])　鋼小ねじに電気めっきを施した場合のねじの最大許容寸法は，JIS B 0209の本体による等級4hの最大許容寸法とする。
　([2])　非鉄金属小ねじの材質区分は，JIS B 1057で規定するものの中のいずれかを，受渡当事者間で協定する。

ISOによらない鋼小ねじ（すりわり付き）の機械的性質（JIS B 1101）

適用する小ねじ	機械的性質	
	強度区分	適用規格
鋼小ねじ	I欄 4.8	JIS B 1051の本体
	8.8	
	II欄 4T	JIS B 1051の附属書

十字穴付き小ねじの品質（JIS B 1111）

小ねじの種類	部品等級(2)	形状・寸法 十字穴(3)	ねじ 種類(4)	呼びの範囲	等級(5)	材料	機械的性質 強度区分／性状区分／材質区分	適用規格
十字穴付きなべ小ねじ	A	付表1	H形又はZ形	並目	M1.6〜M10	6g	鋼	4.8	JIS B 1051
						ステンレス鋼	A2-50, A2-70	JIS B 1054
						非鉄金属	―(6)	JIS B 1057
十字穴付き皿小ねじ	A	付表2	H形又はZ形	並目	M1.6〜M10	6g	鋼	4.8	JIS B 1051
	A	付表3	H形又はZ形	並目	M2〜M10	6g	鋼	8.8	JIS B 1051
						ステンレス鋼	A2-70	JIS B 1054
						非鉄金属	CU2, CU3	JIS B 1057
十字穴付き丸皿小ねじ	A	付表4	H形又はZ形	並目	M1.6〜M10	6g	鋼	4.8	JIS B 1051
						ステンレス鋼	A2-50, A2-70	JIS B 1054
						非鉄金属	―(6)	JIS B 1057

注(2) 部品等級のAは，JIS B 1021による。
(3) 十字穴の形状・寸法は，JIS B 1012による。ただし，十字穴の翼長さ（m）及びゲージの沈み深さ（q）は，**付表1〜4**による。
(4) ねじの種類は，JIS B 0205による。
(5) ねじの等級は，JIS B 0209による。
　なお，鋼小ねじに電気めっきを施した場合のねじの最大許容寸法は，JIS B 0209の本体による等級4hの最大許容寸法とする。
(6) 非鉄金属の材質区分は，JIS B 1057で規定する材質区分の中のいずれかを，受渡当事者間で協定する。

ISOによらない鋼小ねじ（十字穴付き）の機械的性質（JIS B 1111）

適用する小ねじ	機械的性質		
	強度区分		適用規格
鋼小ねじ	I欄	4.8	JIS B 1051の本体
		8.8	
	II欄	4T	JIS B 1051の附属書

【解　説】

　強度区分 4.8 は，呼び引張強さが 400 N/mm^2，呼び下降伏点が 320 N/mm^2，硬さが最小 HV 130 などの機械的性質を表します。性状区分 A2-50 は，オーステナイト系の鋼種区分が A2 で引張強さが 500 N/mm^2 以上，耐力が 210 N/mm^2 以上などの機械的性質を表します。

　非鉄金属製は受渡当事者間の協定となっています。しかし，例えば，M6 で銅合金の材質区分が CU2 と指定されたら，引張強さが 440 N/mm^2 以上，耐力が 340 N/mm^2 以上，伸びが 11% 以上などの機械的性質を表します。

▼ One Point Column　日本独自のボルト

　国際規格と整合性のあるボルトと日本独自の（附属書規定の）ボルトがあります。このボルト，長い間，多くの問題を抱えてきました。使い慣れてきた部品を変えるということは，容易なことではありません。しかし，国際貿易が盛んになれば，国際整合が必要だと簡単には割り切れない状況を認識したうえで，いかにして切り替えていくのか，そのプロセスに知恵を絞り，決断する時期がいずれ到来することでしょう。

One Point Column ◢

04 木ねじの種類を知る

木ねじの種類は，JIS B 1112（十字穴付き木ねじ）などに規定されています。

【規定内容】

木材にねじ込むのに適した先端とねじ山をもつ**木ねじ**は，十字穴付きとすりわり付きとがあります。鋼製，ステンレス鋼製及び黄銅製で，丸，皿及び丸皿の頭部形状の十字穴付きは，呼び径2.1～9.5で17サイズ，すりわり付きは，呼び径1.6～9.5で19サイズの形状・寸法がJIS B 1112（十字穴付き木ねじ）に規定されています。

十字穴付き丸木ねじの形状・寸法（JIS B 1112）

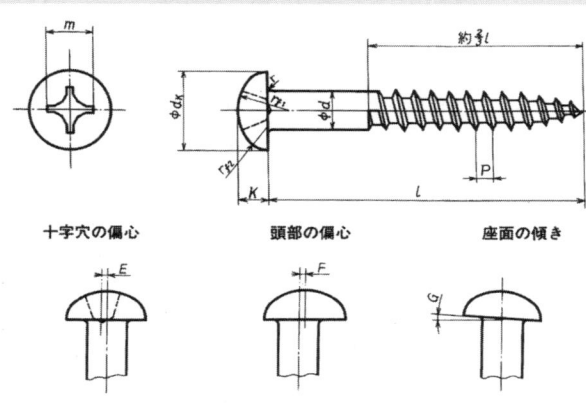

単位 mm

呼び径	十字穴の番号	d 基準寸法	許容差	d_K 基準寸法	許容差	K 基準寸法	許容差	r_{f1} 約	r_{f2} 約	m 最大	q [7] 最大	q [7] 最小	P 約	r 最大	E [8] 最大	F [8] 最大	G 最大
2.1	1	2.1	±0.07	3.9	±0.2	1.6	±0.1	2.3	1.4	2.5	1.32	0.90	1	0.1	0.15	0.1	2°
2.4		2.4		4.4		1.8		2.6	1.5	2.7	1.52	1.10	1.1		0.2	0.15	
2.7		2.7		5		2	±0.15	3	1.7	2.9	1.72	1.29	1.2	0.2	0.2	0.15	
3.1	2	3.1		5.7	±0.25	2.3		3.4	1.9	3.7	1.63	1.06	1.3		0.2	0.15	
3.5		3.5	±0.1	6.5		2.5		4	2.1	3.9	1.83	1.25	1.4		0.25	0.2	
3.8		3.8		7		2.7		4.4	2.3	4.1	2.03	1.45	1.6		0.25	0.2	
4.1		4.1		7.6		2.9		4.8	2.4	4.3	2.23	1.64	1.8	0.3	0.3	0.2	
4.5		4.5		8.3	±0.3	3.1		5.2	2.6	4.5	2.43	1.84	1.9		0.35	0.25	
4.8		4.8	±0.12	8.9		3.3		5.7	2.8	4.7	2.63	2.04	2.1		0.35	0.25	
5.1	3	5.1		9.4		3.5		6	2.9	5.9	2.56	1.96	2.2		0.4	0.3	
5.5		5.5		10.2		3.8		6.5	3.2	6.1	2.76	2.16	2.4		0.4	0.3	

ねじり強さは，ねじ部が破断する前に頭部と円筒部との付け根で破断してはならないと規定されています。引張強さは，鋼製の場合では 392 N/mm² 以上，ステンレス鋼製の場合では 441 N/mm² 以上，黄銅製の場合では 343 N/mm² 以上でなければならないと規定しています。

すりわり付き丸皿木ねじの形状・寸法（JIS B 1135）

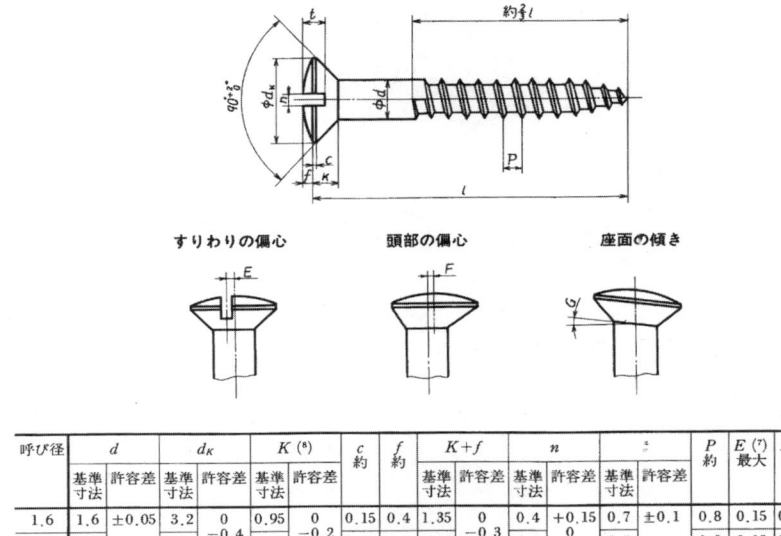

単位 mm

呼び径	d		d_K		K [8]		c 約	f 約	$K+f$		n		t		P 約	E [7] 最大	F [7] 最大	G 最大
	基準寸法	許容差	基準寸法	許容差	基準寸法	許容差			基準寸法	許容差	基準寸法	許容差	基準寸法	許容差				
1.6	1.6	±0.05	3.2	0 −0.4	0.95	0 −0.2	0.15	0.4	1.35	0 −0.3	0.4	+0.15 0	0.7	±0.1	0.8	0.15	0.1	2°
1.8	1.8		3.6		1.05		0.15	0.4	1.45		0.6		0.7		0.9	0.15	0.1	
2.1	2.1	±0.07	4.2		1.25		0.2	0.5	1.75	0 −0.4	0.6		0.9	±0.15	1	0.15	0.1	
2.4	2.4		4.8		1.4		0.2	0.6	2		0.7		1		1.1	0.2	0.15	
2.7	2.7		5.4		1.55		0.2	0.7	2.25		0.8	+0.2 0	1.1		1.2	0.2	0.15	
3.1	3.1		6.2	0 −0.5	1.8	0 −0.3	0.25	0.8	2.6	0 −0.5	0.9		1.3	±0.2	1.3	0.2	0.15	
3.5	3.5	±0.1	7		2		0.25	0.8	2.8		1		1.4		1.4	0.25	0.2	
3.8	3.8		7.6		2.15		0.25	0.9	3.05		1		1.5	±0.25	1.6	0.25	0.2	
4.1	4.1		8.2	0	2.35		0.3	1	3.35		1.2		1.7		1.8	0.3	0.2	

【解　説】

木ねじのねじ山の角度は，通常 45 〜 55°で，ねじ部にテーパを付け，円筒部付近のねじ外径は，ほぼ円筒部の径とすることが規定されています。

木ねじの場合は，一般用締付けねじと違って，締結力ではなく引抜き抵抗の大きさが問題になるのですが，木材の材質，種類などによって一様ではないので，使用部位ごとに条件を決めて試験することになります。多くの場合は，現場経験から使用するねじの呼び径，本数などを決めているようです。

chapter 6　　133

05 その他の小ねじについて知る

その他の小ねじは，JIS B 0101（ねじ用語）に規定されています。

【規定内容】

打込みねじは，釘を打つように打ち込んで固定するねじです。**コーチねじ**は，一般の木ねじより，比較的大きい木ねじで，四角と六角があり，四角コーチねじをラグねじということもあります。

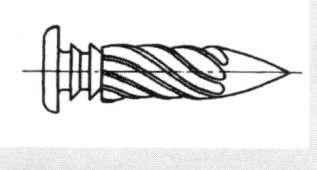

打込みねじ（JIS B 0101）

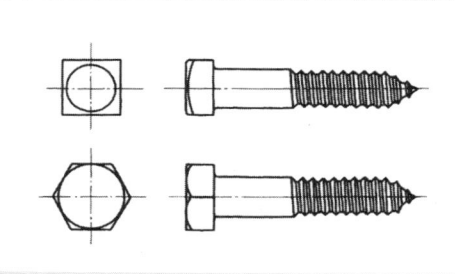

コーチねじ（JIS B 0101）

【解説】

JIS で形状・寸法などを規定していない小ねじが市場にはたくさんありますが，どうしてこれらの小ねじを JIS にしないのかと疑問をもたれる場合があります。JIS の対象となる小ねじは，汎用的で標準化によるコスト低減が期待できるなどのメリットがあり，生産，使用，取引の合理化に寄与すると利害関係者が判断した場合の製品です。

JIS に規定されていない小ねじの多くは，特定用途向けであったり，特許製品で誰もが作って使用することが難しい製品であることから，JIS で標準化できないか，標準化しなくてもすむような場合だからです。

頭の形状に特徴があるもの，ねじ山に工夫を施したもの，新材料を使用したものなど，創意工夫を凝らしたねじを知るには，開発者，生産者，販売者などに，その仕様を直接聞くことも一考です。

CHAPTER 7
止めねじ

01 止めねじの種類を知る・・・・・・・・・・・・・・・・・・136
02 止めねじの形状・寸法を知る・・・・・・・・・・・・・137
03 止めねじの強度を知る・・・・・・・・・・・・・・・・・・142

01 止めねじの種類を知る

止めねじの種類は，JIS B 1117（すりわり付き止めねじ）などに規定されています。

【規定内容】

　止めねじは，ねじの先端を利用して機械部品間の動きを止めるねじです。すりわり付き，四角及び六角穴付きの止めねじの種類があります。

　すりわり付き止めねじは，ねじ先形状が平先，とがり先，棒先，くぼみ先及び丸先の5種類がJIS B 1117（すりわり付き止めねじ）に規定されています。材料が鋼製及びステンレス鋼製でねじの呼びがM1～M12までの14サイズです。

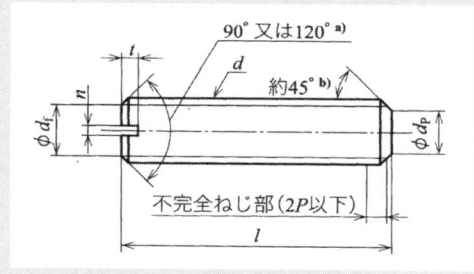

すりわり付き止めねじ（平先）の形状（JIS B 1117）

　四角止めねじは，ねじ先形状が平先，とがり先，棒先，くぼみ先及び丸先の5種類がJIS B 1118（四角止めねじ）に規定されています。材料が鋼製及びステンレス鋼製でねじの呼びがM4，M5，M6，M8，M10，M12の6サイズです。

　六角穴付き止めねじは，ねじ先形状が平先，とがり先，棒先及びくぼみ先の4種類がJIS B 1177（六角穴付き止めねじ）に規定されています。材料が鋼製，ステンレス鋼製及び非鉄金属でねじの呼びがM1.6～M24までの13サイズです。

【解　説】

　止めねじは，ねじの先端を利用して機械部品間の動きを止めるねじです。先端形状，締付け手段の頭部の形に分けて規定されています。ねじ先を相手部品に押し付けて使いますから，圧縮力に耐える硬さを保証しますが，引張力の負荷には耐えられません。引張力の掛かる使い方は，止めねじの機能を損なうことから避ける必要があります。

02 止めねじの形状・寸法を知る

止めねじの形状・寸法は，JIS B 1117（すりわり付き止めねじ）などに規定されています。

【規定内容】

止めねじの形状・寸法は，並目ねじで公差域クラス 6g，部品等級 A と規定されています。

ねじの呼びは，**すりわり付き止めねじ**（JIS B 1117）で M1 ～ M12，**四角止めねじ**（JIS B 1118）で M4 ～ M12，**六角穴付き止めねじ**（JIS B 1177）で M1.6 ～ M24 までの寸法が当該規格に規定されています。

すりわり付き止めねじ（平先）の寸法（JIS B 1117）

単位 mm

ねじの呼び	d [c]	M1.2	M1.6	M2	M2.5	M3	(M3.5)	M4	M5	M6	M8	M10	M12
ピッチ	P [d]	0.25	0.35	0.4	0.45	0.5	0.6	0.7	0.8	1	1.25	1.5	1.75
d_f	約	おねじの谷の径											
d_p	最小	0.35	0.55	0.75	1.25	1.75	1.95	2.25	3.2	3.7	5.2	6.64	8.14
	最大（基準寸法）	0.6	0.8	1	1.5	2	2.2	2.5	3.5	4	5.5	7	8.5
n	呼び	0.2	0.25	0.25	0.4	0.4	0.5	0.6	0.8	1	1.2	1.6	2
	最小	0.26	0.31	0.31	0.46	0.46	0.56	0.66	0.86	1.06	1.26	1.66	2.06
	最大	0.4	0.45	0.45	0.6	0.6	0.7	0.8	1	1.2	1.51	1.91	2.31
t	最小	0.4	0.56	0.64	0.72	0.8	0.96	1.12	1.28	1.6	2	2.4	2.8
	最大	0.52	0.74	0.84	0.95	1.05	1.21	1.42	1.63	2	2.5	3	3.6

呼び長さ（基準寸法）	l [e] 最小	最大											
2	1.8	2.2											
2.5	2.3	2.7											
3	2.8	3.2											
4	3.7	4.3											
5	4.7	5.3	推奨										
6	5.7	6.3		呼び									
8	7.7	8.3		長さ									
10	9.7	10.3			の								
12	11.6	12.4				範囲							
(14)	13.6	14.4											
16	15.6	16.4											
20	19.6	20.4											
25	24.6	25.4											
30	29.6	30.4											
35	34.5	35.5											
40	39.5	40.5											
45	44.5	45.5											
50	49.5	50.5											

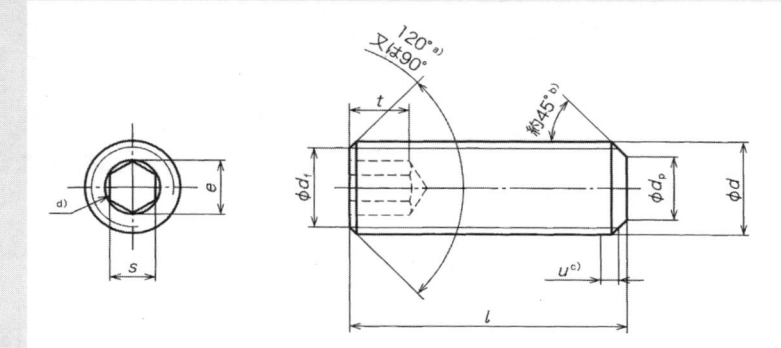

六角穴の底は，次の形状（キリ加工）でもよい。

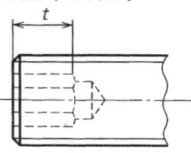

キリ加工の場合，ドリル穴の残りは，
六角形の辺の長さ（$e/2$）の1/3を超えてはならない。

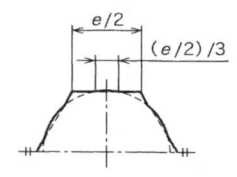

注 a) 呼び長さ l が表2に示す階段状の網かけで示したものは，120°の面取りを付ける。
　 b) 約45°の角度は，おねじの谷の径より下の傾斜部に適用する。
　 c) 不完全ねじ部 $u<2P$
　 d) 六角穴の口元には，わずかな丸み又は面取りがあってもよい。

六角穴付き止めねじ（平先）の形状（JIS B 1177）

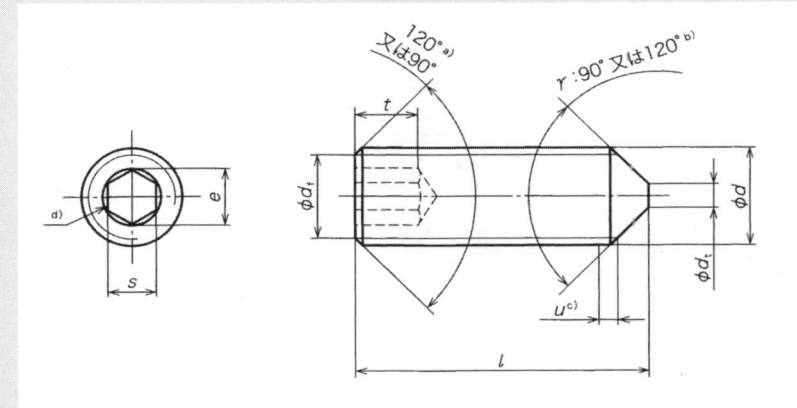

六角穴の底は，次の形状（キリ加工）でもよい。

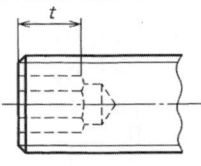

キリ加工の場合，ドリル穴の残りは，
六角形の辺の長さ（$e/2$）の1/3を超えてはならない。

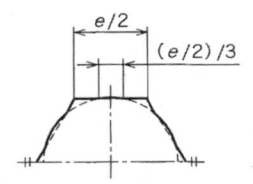

注 a) 呼び長さ l が**表3**に示す階段状の網かけで示したものは，120°の面取りを付ける。
 b) ねじ先の円すい角度 γ は，おねじの谷の径より小さい直径先端部に適用し，呼び長さ l が階段状の網かけのものは 120°，それより長いものは 90°とする。
 c) 不完全ねじ部 $u<2P$
 d) 六角穴の口元には，わずかな丸み又は面取りがあってもよい。

六角穴付き止めねじ（とがり先）の形状（JIS B 1177）

chapter 7 ● 139

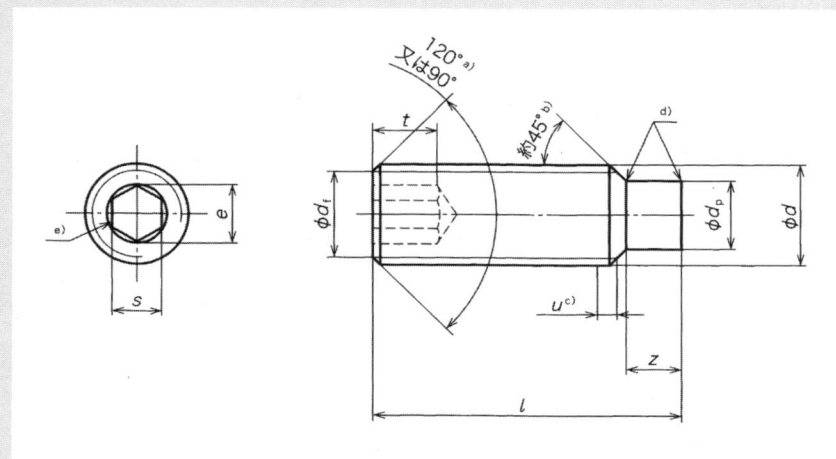

六角穴の底は，次の形状（キリ加工）でもよい。

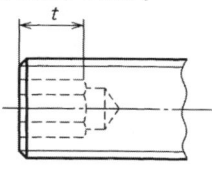

キリ加工の場合，ドリル穴の残りは，
六角形の辺の長さ（$e/2$）の1/3を超えてはならない。

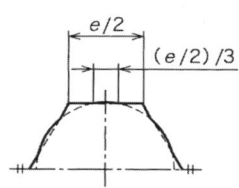

注 a) 呼び長さ l が**表4**に示す階段状の網かけで示したものは，120°の面取りを付ける。
　　b) 約45°の角度は，おねじの谷の径より下の傾斜部に適用する。
　　c) 不完全ねじ部 $u<2P$
　　d) わずかな丸みを施す。
　　e) 六角穴の口元には，わずかな丸み又は面取りがあってもよい。

六角穴付き止めねじ（棒先）の形状（JIS B 1177）

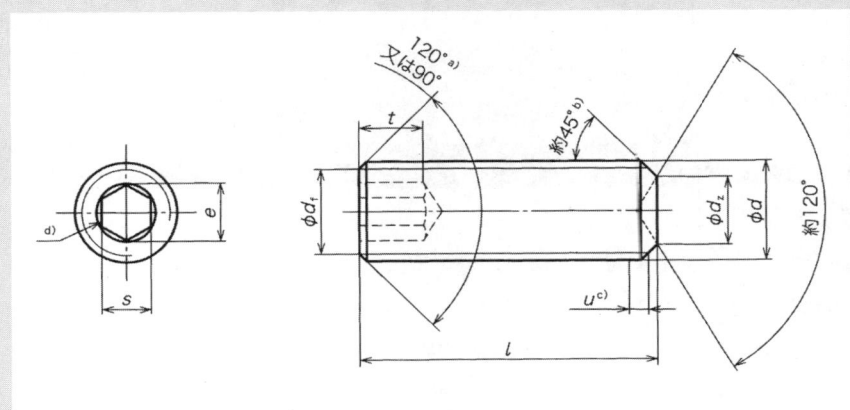

六角穴の底は，次の形状（キリ加工）でもよい。

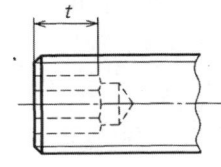

キリ加工の場合，ドリル穴の残りは，
六角形の辺の長さ（e/2）の1/3を超えてはならない。

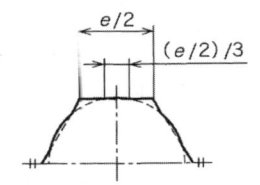

注 a) 呼び長さ l が表5に示す階段状の網かけで示したものは，120°の面取りを付ける。
 b) 約45°の角度は，おねじの谷の径より下の傾斜部に適用する。
 c) 不完全ねじ部 $u<2P$
 d) 六角穴の口元には，わずかな丸み又は面取りがあってもよい。

六角穴付き止めねじ（くぼみ先）の形状（JIS B 1177）

【解　説】

　すりわり付き，四角頭又は六角穴付きの止めねじは，駆動部の形が違うものです。駆動部の形が同じでも，平先，とがり先，棒先，くぼみ先又は丸先のねじ先の形状によってねじ先の寸法が違ってきます。

03 止めねじの強度を知る

止めねじの強度は，JIS B 1053（**炭素鋼及び合金鋼製締結用部品の機械的性質－第5部**）などに規定されています。

【規定内容】

炭素鋼製及び合金鋼製で，ねじの呼び径が 1.6 〜 24 mm の引張力を受けない**止めねじ**の強度区分をビッカース硬さによる 14H，22H，33H，45H の 4 種類の機械的性質が JIS B 1053（炭素鋼及び合金鋼製締結用部品の機械的性質－第 5 部：引張力を受けない止めねじ及び類似のねじ部品）に規定されています。

オーステナイト系ステンレス鋼製で，ねじの呼び径が 1.6 〜 24 mm の引張力を受けない止めねじの鋼種区分が A1，A2，A3，A4，A5，強度区分が 12H，21H の 2 種類の機械的性質が JIS B 1054-3（耐食ステンレス鋼製締結用部品の機械的性質－第 3 部：引張力を受けない止めねじ及び類似のねじ部品）に規定されています。

止めねじ（引張力を受けない）の強度区分記号（JIS B 1053）

強度区分記号	14H	22H	33H	45H
ビッカース硬さ（最小） HV	140	220	330	450

止めねじ（引張力を受けない）の機械的性質（JIS B 1053）

機械的性質			強度区分[1]			
			14H	22H	33H	45H
ビッカース硬さ HV10		最小	140	220	330	450
		最大	290	300	440	560
ブリネル硬さ HB, $F=30D^2$		最小	133	209	314	428
		最大	276	285	418	532
ロックウェル硬さ	HRB	最小	75	95	—	—
		最大	105	[2]	—	—
	HRC	最小	—	[2]	33	45
		最大	—	30	44	53
保証トルク			—	—	—	表5による
ねじ山の非脱炭部の高さ E		最小	—	$\frac{1}{2}H_1$	$\frac{2}{3}H_1$	$\frac{3}{4}H_1$
完全脱炭の深さ G mm		最大	—	0.015	0.015	[3]
表面硬さ HV0.3		最大	—	320	450	580

止めねじのビッカース硬さに対する強度区分の呼び方（JIS B 1054-3）

強度区分	12H	21H
ビッカース硬さ，HV最小	125	210

止めねじの硬さ（JIS B 1054-3）

試験方法	強度区分	
	12H	21H
	硬さ	
ビッカース硬さ HV	125～209	210以上
ブリネル硬さ HB	123～213	214以上
ロックウェル硬さ HRB	70～95	96以上

【解　説】

　止めねじは硬さが命ですから，止めねじの強度区分を硬さで表します。

　鋼製の強度区分は，炭素鋼で 14H，22H，33H の 3 種類，合金鋼で 45H の 1 種類を設け，ビッカース硬さの最小値の 1/10 の数字で表しています。例えば，強度区分 45H は，ビッカース硬さの最小値が 450 HV10 であることを示しています。

　ステンレス鋼製の強度区分は，オーステナイト系の鋼種で 12H，21H の 2 種類を設けています。

CHAPTER 8
建築用ねじ

- 01 建築用ねじの種類を知る ･････････････146
- 02 ターンバックルについて知る ･････････150
- 03 高力ボルトについて知る ･･････････････153
- 04 アンカーボルトについて知る ･････････156

01 建築用ねじの種類を知る

建築用ねじの種類は，JIS A 5540（建築用ターンバックル）などに規定されています。

【規定内容】

建築用ねじは，外壁，天井，内装などの組立てに使うねじから，鋼構造物の柱，はりなどの構造体を支える部位に使うねじがあります。ここでは，主に構造用のねじについて説明します。

建築用ターンバックルは，建築物の筋交いに用いるもので，一端に右ねじ，他端に左ねじが切ってあるターンバックル胴と2本のターンバックルボルトがJIS A 5540（建築用ターンバックル）に規定されています。

例1　JIS A 5540 S (L) -ST-S (R)　M16 × 2500　（図1参照）
　　　S (L)：左ねじ羽子板ボルト，ST：胴は割枠式，S (R)：右ねじ羽子板ボルト，炭素鋼製品（省略），
　　　M16×2500：ねじの呼びはM16，ターンバックルの呼び長さ2500 mmのものを示す。

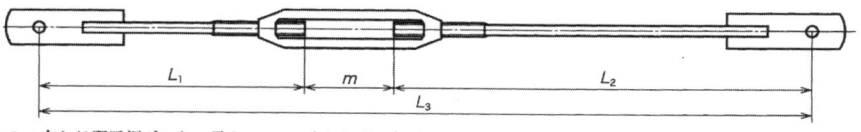

L_1：左ねじ羽子板ボルトの長さ　　L_2：右ねじ羽子板ボルトの長さ
L_3：ターンバックルの呼び長さ　　m：中あき長さ
注[a]　中あき長さは表1による。ただし，寸法は参考寸法とする。

ターンバックルの形状―例示（JIS A 5540）

建築用ターンバックル胴は，JIS A 5540 の建築用ターンバックルに使用される割枠式とパイプ式が JIS A 5541（建築用ターンバックル胴）に規定されてます。

炭素鋼製品及び溶融亜鉛めっき付き炭素鋼製品の形状，寸法，質量並びにその許容差（JIS A 5541）

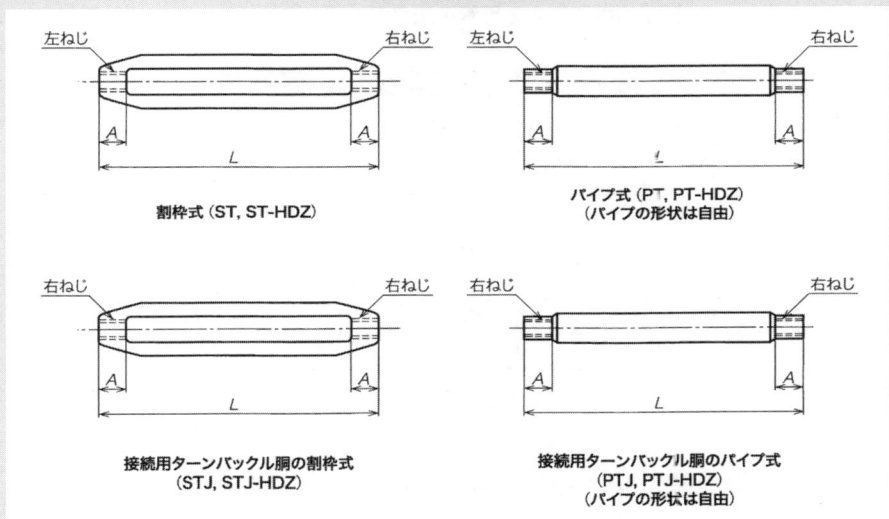

割枠式（ST, ST-HDZ）

パイプ式（PT, PT-HDZ）（パイプの形状は自由）

接続用ターンバックル胴の割枠式（STJ, STJ-HDZ）

接続用ターンバックル胴のパイプ式（PTJ, PTJ-HDZ）（パイプの形状は自由）

L：胴の長さ　A：有効ねじ部の長さ

ねじの呼び		M6	M8	M10	M12	M14	M16	M18	M20	M22	M24	M27	M30	M33
割枠式又はパイプ式	L：mm 許容差±3%	100	125	150	200	230	250	280	300	330	350	400	400	450
	A：mm [c]	9	12	14	17	20	23	25	28	31	34	38	42	46
割枠式	質量：kg [d]	—	—	0.153	0.300	0.480	0.640	0.900	1.20	1.54	2.09	3.01	3.66	4.94

注 [a] 炭素鋼製品のパイプ式は，M6～M33，割枠式は M10～M33 とする。
　　[b] 溶融亜鉛めっき付き炭素鋼製品は，M10～M33 とする。
　　[c] A 寸法の値は最小値を示す。
　　[d] 質量の値は最小値を示す。

chapter 8　147

高力ボルトのセットは，鋼構造の締結に用いるものです。引張強さが大きい六角ボルト・六角ナット・平座金を組合わせがJIS B 1186（摩擦接合用高力六角ボルト・六角ナット・平座金のセット）に規定されています。

**セットの種類及び構成部品の
機械的性質による等級の組合せ**（JIS B 1186）

セットの種類		適用する構成部品の機械的性質による等級		
機械的性質による種類	トルク係数値による種類	ボルト	ナット	座金
1種	A	F 8T	F10	F35
	B		(F 8)	
2種	A	F10T	F10	
	B			
(3種)	A	(F11T)		
	B			

備考　表中括弧を付けたものは，なるべく使用しない。

　構造物の柱脚などに用いる**アンカーボルトセット**は，JIS B 1220（構造用転造両ねじアンカーボルトセット）に規定されています。ねじ部を転造加工したアンカーボルト1本，六角ナット4個及び平座金1枚とで構成されています。

　JIS B 1221（構造用切削両ねじアンカーボルトセット）の**アンカーボルトセット**も，構造物の柱脚などに用いるものですが，ねじ部を切削加工したアンカーボルト1本，六角ナット4個及び平座金1枚とで構成されています。

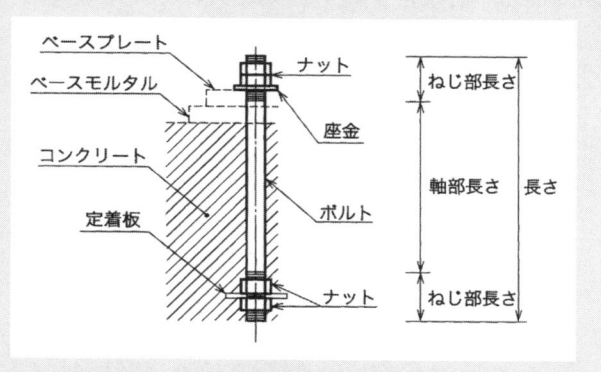

アンカーボルトセットの構成（JIS B 1220）

【解　説】

　建築用のねじ部品は，建築基準法によって使用できる製品群の仕様が指定され，多くは JIS の規格適合性が要求されます。JIS 以外の製品を使う場合は，建築基準法による別途の手続きを経た認定品の証明を得る必要があります。

　ターンバックルは，建築物の耐震部材として使用されることを想定しているため，地震時における十分な塑性変形性能を保有する必要があります。

　高力ボルトのセットは，ボルトに組み合わせられたナットを強く締め付けて，接合部材間に生ずる摩擦力によって応力を伝達する摩擦接合に用いられます。

　アンカーボルトのセットは，コンクリート基礎中において定着板に固定することによって引抜き抵抗を保持しているものです。

▶ *One Point Column*　**ナットによるゆるみ防止の工夫**

　ナットは，ボルトと組んで用います。したがって，ナットにゆるみが生じないようにすることが大事です。

　ゆるみ防止の工夫を凝らしたナットには，脱落防止用の割りピンを差し込む溝がある溝付きナット，座面に戻り止めの作用をするような刻みを付けた歯付きナット，ねじ込み又はねじ戻し時に規定のトルクが発生する戻り止めの仕掛けを施したプリベリングトルク形ナット，座面に突起部を設け，鋼板に溶接して用いる溶接ナットなどがあります。

One Point Column ◀

02 ターンバックルについて知る

ターンバックルは，JIS A 5540（建築用ターンバックル）などに規定されています。

【規定内容】

ターンバックルは，ねじの呼びが M6 〜 M33 まであり，材料が炭素鋼とステンレス鋼製です。引張強度と永久変形が生じない保証荷重が規定されています。

ターンバックルボルトには，羽子板ボルト，両ねじボルトなどがあり，ねじの公差域クラスを 8g とした形状・寸法が JIS A 5540（建築用ターンバックル）に規定されています。

ターンバックル胴は，炭素鋼製はねじの呼びが M6 〜 M33 まで，ステンレス鋼製はねじの呼びが M10 〜 M24 までについて，JIS A 5541（建築用ターンバックル胴）に規定されています。

建築用ターンバックルの性能（JIS A 5540）

単位 kN

ねじの呼び	炭素鋼製品，溶融亜鉛めっき付き炭素鋼製品[a]		ステンレス鋼製品	
	引張強度（最小値）	保証荷重[b]	引張強度（最小値）	保証荷重[b]
M6	8.30	4.87	—	—
M8	15.3	8.96	—	—
M10	24.2	14.2	31.5	14.2
M12	35.2	20.7	45.8	20.7
M14	48.4	28.4	—	—
M16	65.2	38.3	84.8	38.3
M18	81.1	47.6	—	—
M20	103	60.2	133	60.2
M22	126	74.3	164	74.3
M24	148	86.8	192	86.8
M27	191	112	—	—
M30	235	138	—	—
M33	289	170	—	—

注 [a] 溶融亜鉛めっき付き炭素鋼製品は，M10〜M33 とする。
 [b] 保証荷重は，短期許容応力に相当する。

羽子板ボルトの形状及び寸法（JIS A 5540）

炭素鋼製品及び溶融亜鉛めっき付き炭素鋼製品

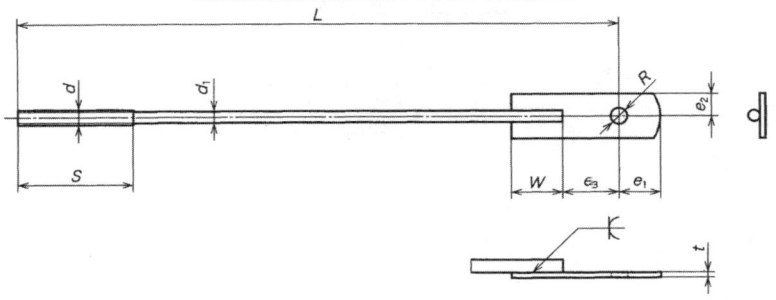

単位 mm

ねじの呼び d		M6	M8	M10	M12	M14	M16	M18	M20	M22
軸径 d_1	最大	5.32	7.16	8.99	10.83	12.66	14.66	16.33	18.33	20.33
	最小	5.14	6.97	8.78	10.59	12.41	14.41	16.07	18.07	20.07
調整ねじの長さ S 許容差 +25, −8		50	63	75	100	115	125	140	150	165
取付けボルト穴径 R 許容差 0, −0.5		13	13	13	17	17	17	21.5	21.5	23.5
端あき e_1 [b] 許容差 +5, 0		30	30	30	40	40	45	50	50	55
切板製	へりあき e_2 [b] 許容差 +10, 0	22	22	22	28	28	28	34	34	38
	板厚 t	3.2	3.2	3.2	6	6	6	9	9	9
平鋼製	へりあき e_2 [b] 許容差 +10, 0	19	19	19	25	25	25	32.5	32.5	37.5
	板厚 t	3	3	4.5	6	6	6	9	9	9
ボルト端から取付けボルト穴心のあき e_3（最小）		35	38	40	52	52	59	66	66	73
溶接長さ W 許容差 +10, 0		30	30	35	40	50	55	60	75	85
取付けボルト [d]	ねじの呼び	M12	M12	M12	M16	M16	M16	M20	M20	M22
	本数	1	1	1	1	1	1	1	1	1
	種類	—	—	JIS B 1186 に規定する 2 種高力ボルト F10T [e]						
				JIS B 1180 に規定する呼び径六角ボルトの機械的性質 10.9 [e]						

注 [a] 溶融亜鉛めっき付き炭素鋼製品は，M10～M22 とする。
 [b] e_1, e_2 が確保されていれば形状は自由でよい。
 [c] 溶融亜鉛めっき付き炭素鋼製品の場合は，全周溶接を施さなければならない。
 [d] 羽子板とガセットプレートとの接合は，表に示す取付けボルトを使用し，一面せん断（支圧）接合とする。せん断部にねじ部がかからない取付けボルトを選定しなければならない。
 [e] 溶融亜鉛めっき付き炭素鋼製品の場合は，JIS B 1186 に規定する 1 種 F8TA に準じるものを使用する。JIS B 1186 に代わるものとして，参考文献に示すものを用いてもよい。

建築用ターンバックル胴の性能（JIS A 5541）

単位 kN

ねじの呼び	製品			
	炭素鋼製品[a]，溶融亜鉛めっき付き炭素鋼製品[b]		ステンレス鋼製品	
	引張強度（最小値）	保証荷重[c]	引張強度（最小値）	保証荷重[c]
M6	10.6	4.87	—	—
M8	19.4	8.96	—	—
M10	30.9	14.2	33.3	14.2
M12	44.9	20.7	48.4	20.7
M14	61.7	28.4	—	—
M16	83.1	38.3	89.7	38.3
M18	103	47.6	—	—
M20	131	60.2	141	60.2
M22	161	74.3	174	74.3
M24	188	86.8	203	86.8
M27	244	112	—	—
M30	299	138	—	—
M33	369	170	—	—

注 [a] 炭素鋼製品のパイプ式は，M6〜M33，割枠式は M10〜M33 とする。
 [b] 溶融亜鉛めっき付き炭素鋼製品は，M10〜M33 とする。
 [c] 保証荷重は，短期許容応力に相当する。

【解　説】

　ターンバックルは，地震力を吸収する塑性変形が必要です。その塑性変形性能は，軸部の塑性化によって得られるため，胴，羽子板及びねじ部は，軸部の十分な塑性化を保証する耐力をもっている必要があり，軸部の耐力を上回る強度が要求されます。

　ボルトの使用材料は，ねじの呼び M10 以下は，JIS G 3101（一般構造用圧延鋼材）の SS400 です。M12 以上は，JIS G 3138（建築構造用圧延棒鋼）の SNR400B，ステンレス鋼の場合は，JIS G 4321（建築構造用ステンレス鋼材）の SUS304A となっています。

03 高力ボルトについて知る

高力ボルトは，JIS B 1186（摩擦接合用高力六角ボルト・六角ナット・平座金のセット）に規定されています。

【規定内容】

高力ボルトのセットの種類は，機械的性質によって1種，2種及び3種に分けられ，ねじの呼びがM12〜M30まであります。機械的性質によるボルトの等級は，F8T，F10T，F11Tの3種類，ナットの等級は，F8，F10の2種類，座金の等級はF35の1種類がJIS B 1186（摩擦接合用高力六角ボルト・六角ナット・平座金のセット）に規定されています。

セットは，ボルト及びナット1個と，平座金をボルト座面とナット座面に1個ずつ用い，ナットに一定のトルクを与え，それにより所定のボルト軸力を与えるトルク係数値が規定されています。

高力ボルト試験片の機械的性質（JIS B 1186）

ボルトの機械的性質による等級	耐力 N/mm² {kgf/mm²}	引張強さ N/mm² {kgf/mm²}	伸び %	絞り %
F 8T	640以上 {65.3以上}	800〜1 000 {81.6〜102.0}	16以上	45以上
F10T	900以上 {91.8以上}	1 000〜1 200 {102.0〜122.4}	14以上	40以上
F11T	950以上 {96.9以上}	1 100〜1 300 {112.2〜132.6}	14以上	40以上

高力ボルト製品の機械的性質（JIS B 1186）

ボルトの機械的性質による等級	引張荷重（最小）(kN){kgf}							硬さ
	ねじの呼び							
	M 12	M 16	M 20	M 22	M 24	M 27	M 30	
F 8T	68 {6 934}	126 {12 848}	196 {19 987}	243 {24 779}	283 {28 858}	368 {37 526}	449 {45 785}	18〜31 HRC
F10T	85 {8 668}	157 {16 010}	245 {24 983}	303 {30 898}	353 {35 996}	459 {46 805}	561 {57 206}	27〜38 HRC
F11T	93 {9 483}	173 {17 641}	270 {27 532}	334 {34 059}	389 {39 667}	505 {51 496}	618 {63 019}	30〜40 HRC

ナットの機械的性質（JIS B 1186）

ナットの機械的性質による等級	硬さ		保証荷重
	最小	最大	
F 8	85 HRB	100 HRB	表3のボルトの引張荷重（最小）に同じ。
F10	95 HRB	35 HRC	

座金の硬さ（JIS B 1186）

座金の機械的性質による等級	硬さ
F35	35～45 HRC

セットのトルク係数値（JIS B 1186）

区分	トルク係数値によるセットの種類	
	A	B
1製造ロット[1]のトルク係数値の平均値	0.110～0.150	0.150～0.190
1製造ロット[1]のトルク係数値の標準偏差	0.010以下	0.013以下

注[1]　ここでいう1製造ロットとは，セットを構成するボルト，ナット及び座金が，それぞれ同一ロットによって形成されたセットのロットをいう。

　　　ここでいうボルト，ナット及び座金の同一ロットとは，次の規定に適合するものをいう。

（1）　ボルトの同一ロットとは，ボルトの (a) 材料（鋼材）の溶解番号，(b) 機械的性質による等級，(c) ねじの呼び，(d) 長さ l，(e) 機械加工工程，(f) 熱処理条件が同一な1製造ロットをいい，更に表面処理を施した場合には，(g) 表面処理条件が同一な1製造ロットをいう。ただし，長さ l の多少の違いは，同一ロットとみなしてもよい。

（2）　ナットの同一ロットとは，ナットの (a) 材料（鋼材）の溶解番号，(b) 機械的性質による等級，(c) ねじの呼び，(d) 機械加工工程，(e) 熱処理条件が同一な1製造ロットをいい，更に表面処理を施した場合は，(f) 表面処理条件が同一な1製造ロットをいう。

（3）　座金の同一ロットとは，座金の (a) 材料（鋼材）の溶解番号，(b) 機械的性質による等級，(c) 座金の呼び，(d) 機械加工工程，(e) 熱処理条件が同一な1製造ロットをいい，更に表面処理を施した場合は，(f) 表面処理条件が同一な1製造ロットをいう。

【解　説】
高力ボルトのセットに要求される重要な品質は，以下のとおりです。
① 必要とする機械的性質を保有すること。
② 締付け作業の要求を満足する品質を有すること，そのためには，トルク係数値のばらつきが，できるだけ小さく，トルク係数値はある範囲にあること。
③ 締付けによって導入された力が保持できること。
④ ねじ部を除いた形状・寸法の精度は，機能に直接影響する箇所を除き高水準を要求しないこと。

高力ボルトは，耐力の引張強さに対する比（降伏比）が大きいとボルト製品の変形能力が小さくなることから，降伏比が 1.0 に近づかないような耐力の値を設定することが望ましいのです。

セットのトルク係数値は，ねじ面の摩擦及び座面の摩擦に影響されますが，トルク係数値が小さくばらつきの少ないことが必要となります。

なお，F11T のボルトは，使用実績が少なく，遅れ破壊の問題が完全に解決されていないことから，使用を控えるのが望まれます。

▼ *One Point Column*　信頼のおける JIS 製品の使用

建築用に使われるタッピンねじは，品質がしっかりした JIS 製品を使うように工事仕様書などに明記されています。ところが建築現場では，いい加減なタッピンねじが使われ，体育館やプールの天井が落下や壁が崩落などの事故があります。

建築物の安心・安全を確保するためには，製品品質だけの問題ではなく，施工上の問題もありますが，信頼のおける JIS 製品を使うことが肝要です。

——— *One Point Column* ▲

04 アンカーボルトについて知る

アンカーボルトは，JIS B 1220（構造用転造両ねじアンカーボルトセット）などに規定されています。

【規定内容】

アンカーボルトのねじ部の成形方法によって，転造ねじと切削ねじとに分けられます。材料は JIS G 3138（建築構造用圧延棒鋼）の SNR 400B 及び SNR 490B と JIS G 4321（建築構造用ステンレス鋼材）の SUS304A とがあります。

セットの種類は，ボルトの材料によって炭素鋼製が 2 種類，ステンレス鋼製が 1 種類としています。

構造用転造両ねじアンカーボルトセットの種類（JIS B 1220）

セットの種類を表す記号	ボルトの材料[a]		引張強さ（最小値）N/mm^2	ナットの強度区分	座金の硬さ区分
ABR400	炭素鋼	SNR400B	400	5J	200J
ABR490		SNR490B	490		
ABR520SUS	ステンレス鋼	SUS304A	520	50	

注[a]）SNR400B 及び SNR490B は，JIS G 3138 に規定する建築構造用圧延棒鋼を示す。また，SUS304A は，JIS G 4321 に規定する建築構造用ステンレス鋼材を示す。

ねじの呼びは，転造ねじが M16 〜 M48，切削ねじが M24 〜 M48 となっています。ねじの呼びごとに引張降伏耐力（保証荷重応力に相当する）が JIS B 1220（構造用転造両ねじアンカーボルトセット）に規定されています。

【解　説】

アンカーボルトセットは，コンクリート基礎中に定着板を固定し，構造物の柱脚を保持しています。ボルトの両端に設けられるねじ部は，並目ねじで公差域クラスを 8g とし，使用材料の機械的性質を満足するものとしています。

ナットは，並目ねじと細目ねじとがあり，公差域クラスを 7H とし，強度区分を 5J（保証荷重応力 610 N/mm^2，硬さ 146 HV 〜 319 HV）としています。

平座金は，硬さ区分を 200J とし，鋼製は 200 HV 〜 400 HV 又は 11 HRC 〜 41 HRC，ステンレス鋼製は鋼種区分 A2，強度区分 50 としています。

CHAPTER 9
座金・ピン・リベット

01 座金の種類を知る･･････････････････158
02 平座金の形状・寸法を知る････････････162
03 平座金の強度を知る･･････････････････163
04 ばね座金について知る････････････････165
05 ピンについて知る････････････････････167
06 リベットについて知る････････････････177

01 座金の種類を知る

座金の種類は，JIS B 1250（一般用ボルト，小ねじ及びナットに用いる平座金－全体系）などに規定されています。

【規定内容】

座金は，小ねじ，ボルト，ナットなどの座面と締付け部との間に入れる部品で，平座金，ばね座金などがあります。

ねじの呼び径 1〜150 mm の一般用のボルト，小ねじ及びナットに用いる部品等級 A 及び C の平座金の基準寸法が JIS B 1250（一般用ボルト，小ねじ及びナットに用いる平座金－全体系）に規定されています。

平座金の基準寸法（JIS B 1250）

単位 mm

平座金の呼び径 (ねじの呼び径 d)	小形 部品等級 A				並形 部品等級 A					部品等級 C			
	内径 d_1	外径 d_2	厚さ h	JIS B 1256	内径 d_1	外径 d_2	厚さ h	JIS B 1256[a]	JIS B 1256[b]	内径 d_1	外径 d_2	厚さ h	JIS B 1256
1	1.1	2.5	0.3	—	1.1	3	0.3	—	—	1.2	3	0.3	—
1.2	1.3	3	0.3	—	1.3	3.5	0.3	—	—	1.4	3.5	0.3	—
1.4	1.5	3	0.3	—	1.5	4	0.3	—	—	1.6	4	0.3	—
1.6	1.7	3.5	0.3	×	1.7	4	0.3	×	—	1.8	4	0.3	×
1.8	2	4	0.3	—	2	4.5	0.3	—	—	2.1	4.5	0.3	—
2	2.2	4.5	0.3	×	2.2	5	0.3	×	—	2.4	5	0.3	×
2.2	2.4	4.5	0.3	—	2.4	6	0.5	—	—	2.6	6	0.5	—
2.5	2.7	5	0.5	×	2.7	6	0.5	×	—	2.9	6	0.5	×
3	3.2	6	0.5	×	3.2	7	0.5	×	—	3.4	7	0.5	×
3.5	3.7	7	0.5	×	3.7	8	0.5	×	—	3.9	8	0.5	×
4	4.3	8	0.5	×	4.3	9	0.8	×	—	4.5	9	0.8	×
4.5	4.8	9	0.8	—	4.8	10	0.8	—	—	5	10	0.8	—
5	5.3	9	1	×	5.3	10	1	×	×	5.5	10	1	×
6	6.4	11	1.6	×	6.4	12	1.6	×	×	6.6	12	1.6	×
7	7.4	12	1.6	—	7.4	14	1.6	—	—	7.6	14	1.6	—
8	8.4	15	1.6	×	8.4	16	1.6	×	×	9	16	1.6	×
10	10.5	18	1.6	×	10.5	20	2	×	×	11	20	2	×
12	13	20	2	×	13	24	2.5	×	×	13.5	24	2.5	×
14	15	24	2.5	×	15	28	2.5	×	×	15.5	28	2.5	×
16	17	28	2.5	×	17	30	3	×	×	17.5	30	3	×
18	19	30	3	×	19	34	3	×	×	20	34	3	×
20	21	34	3	×	21	37	3	×	×	22	37	3	×
22	23	37	3	×	23	39	3	×	×	24	39	3	×

ばね作用をもつ鋼製，ステンレス鋼製及びりん青銅製の**ばね座金**（略号 SW），鋼製**皿ばね座金**（略号 CW），鋼製及びりん青銅製**歯付き座金**（略号 TW）及び鋼製，ステンレス鋼製及びりん青銅製の**波形ばね座金**（略号 WW）の4種類の座金が JIS B 1251（ばね座金）に規定されています。

座金の種類（JIS B 1251）

座金	種類		記号	適用ねじ部品	備考
ばね座金	一般用		2号	一般用のボルト，小ねじ，ナット	付表1
	重荷重用		3号	一般用のボルト，ナット	付表2
皿ばね座金	1種	軽荷重用	1L	一般用のボルト，小ねじ，ナット	付表3
		重荷重用	1H		
	2種	軽荷重用	2L	六角穴付きボルト	付表4
		重荷重用	2H		
歯付き座金	内歯形		A	一般用のボルト，小ねじ，ナット	付表5
	外歯形		B		
	皿形		C	皿小ねじ	付表6
	内外歯形		AB	一般用のボルト，小ねじ，ナット	付表7
波形ばね座金	重荷重用(2)		3号	一般用のボルト，小ねじ，ナット	付表8

注(2) 波形ばね座金3号の使用限度は，強度区分8.8の鋼ボルトまでとする。

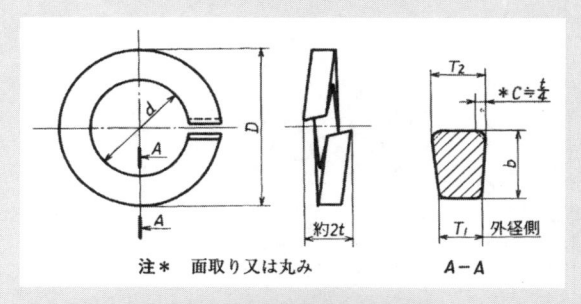

ばね座金一般用及び重荷重用の形状（JIS B 1251）

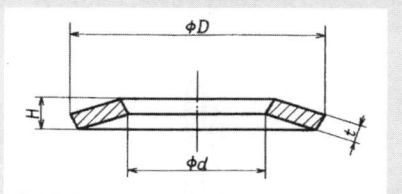

皿ばね座金1種及び2種の形状（JIS B 1251）

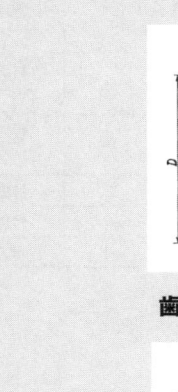

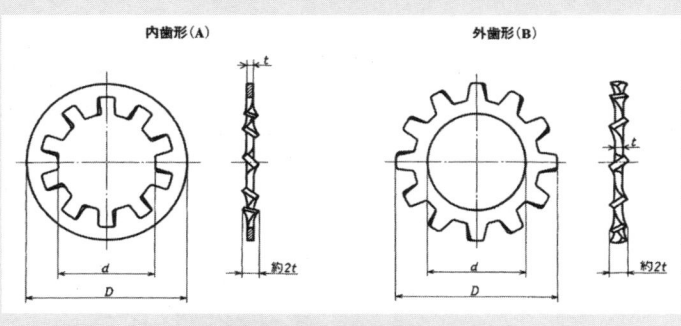

歯付き座金（内歯形，外歯形）の形状（JIS B 1251）

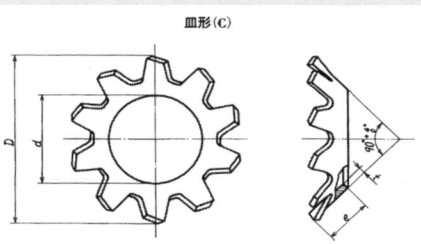

歯付き座金（皿形）の形状（JIS B 1251）

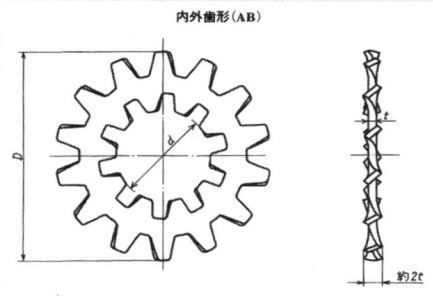

歯付き座金（内外歯形）の形状（JIS B 1251）

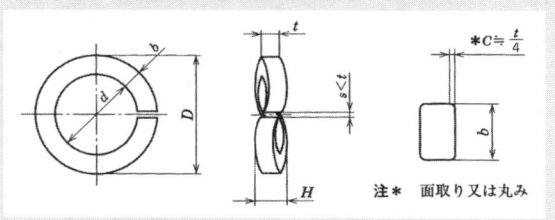

波形ばね座金の形状（JIS B 1251）

一般用のボルト，小ねじ及びナットに用いる鋼製及びステンレス鋼製の**丸形平座金**は，JIS B 1256（平座金）に規定されています。

　JIS B 1129（平座金組込みタッピンねじ）で規定する平座金組込みタッピンねじに用いる部品等級 A の鋼製**平座金**は，JIS B 1257（座金組込みタッピンねじ用平座金－並形及び大形系列－部品等級A）に規定されています。

　JIS B 1130（鋼製平座金組込みねじ－座金の硬さ区分 200 HV 及び 300 HV）で規定する座金組込みねじに用いる部品等級 A の小形，並形及び大形系列で，硬さ区分 200 HV 及び 300 HV の鋼製**平座金**は，JIS B 1258（座金組込みねじ用平座金－小形，並形及び大形系列－部品等級A）に規定されています。

【解　説】

　丸形平座金の基準寸法は，JIS B 1250（一般用ボルト，小ねじ及びナットに用いる平座金－全体系）に規定され，ねじの呼び径の範囲及び平座金の部品等級を明確にしています。平座金の呼び径ごとに内径，外径及び厚さを決めており，JIS B 1256（平座金）で採用しているものを合わせて規定されています。

　ばね座金の種類と適用ねじ部品については，材料ごとのばね座金の硬さ，ばね作用及び粘り強さ，種類の形状・寸法が JIS B 1251（ばね座金）に規定されています。**平座金**の小形，並形，並形面取り，大形及び特大形区分と部品等級とによる種類ごとに，必要な硬さ区分が JIS B 1256（平座金）に規定されています。硬さ区分は，100 HV，200 HV，300 HV の 3 種類で，それぞれを適用するのに望ましい締結用部品の例も規定されています。材料は，鋼製とステンレス鋼製を規定しています。座金の種類ごとに平座金の内径，外径及び厚さの基準寸法と許容限界寸法が規定されています。

　座金組込みタッピンねじ用平座金は，並形系列 N 形と大形系列 L 形の 2 種類が JIS B 1257（座金組込みタッピンねじ用平座金－並形及び大形系列－部品等級A）に規定されています。硬さ区分を 180 HV としています。形状・寸法は，内径，外径及び厚さの基準寸法と許容限界寸法が規定されています。

　座金組込みねじ用平座金は，小形系列 S 形，並形系列 N 形，大形系列 L 形の 3 種類が JIS B 1258（座金組込みねじ用平座金－小形，並形及び大形系列－部品等級A）に規定されています。硬さ区分を 200 HV と 300 HV とに分けています。形状・寸法は内径，外径及び厚さの基準寸法と許容限界寸法が規定されています。

02 平座金の形状・寸法を知る

平座金の形状・寸法は，JIS B 1256（平座金）に規定されています。

【規定内容】

平座金の形状・寸法は，小形－部品等級 A，並形－部品等級 A，並形面取り－部品等級 A，並形－部品等級 C，大形－部品等級 A，大形－部品等級 C，及び特大形－部品等級 C の 7 種類が JIS B 1256（平座金）に規定されています。

部品等級の規定は，JIS B 1022（締結用部品の公差－第 3 部：ボルト、小ねじ及びナット用の平座金－部品等級 A 及び C）によります。

平座金 小形－部品等級 A（第 1 選択）の寸法（JIS B 1256）

単位 mm

平座金の呼び径 (ねじの呼び径 d)	内径 d_1		外径 d_2		厚さ h		
	基準寸法 (最小)	最大	基準寸法 (最大)	最小	基準寸法	最大	最小
1.6	1.70	1.84	3.5	3.2	0.3	0.35	0.25
2	2.20	2.34	4.5	4.2	0.3	0.35	0.25
2.5	2.70	2.84	5.0	4.7	0.5	0.55	0.45
3	3.20	3.38	6.0	5.7	0.5	0.55	0.45
4	4.30	4.48	8.00	7.64	0.5	0.55	0.45
5	5.30	5.48	9.00	8.64	1	1.1	0.9
6	6.40	6.62	11.00	10.57	1.6	1.8	1.4
8	8.40	8.62	15.00	14.57	1.6	1.8	1.4
10	10.50	10.77	18.00	17.57	1.6	1.8	1.4
12	13.00	13.27	20.00	19.48	2	2.2	1.8
16	17.00	17.27	28.00	27.48	2.5	2.7	2.3
20	21.00	21.33	34.00	33.38	3	3.3	2.7
24	25.00	25.33	39.00	38.38	4	4.3	3.7
30	31.00	31.39	50.00	49.38	4	4.3	3.7
36	37.00	37.62	60.0	58.8	5	5.6	4.4

【解説】

小形，並形，大形，特大形の違いは，外径の大きさと厚さの寸法が異なることです。部品等級 A と C の違いは，内径，外径，厚さの寸法公差と，同軸度，平面度などの幾何公差が異なることです。座金の種類を選択して使うために適用する締結用部品の例が，種類ごとに細かく規定されています。

03 平座金の強度を知る

平座金の強度は，JIS B 1256（平座金）に規定されています。

【規定内容】

平座金の強度は，ビッカース硬さによる硬さ区分で表します。鋼製を 100 HV，200 HV，300 HV に区分した3種類，ステンレス鋼製の 200 HV が JIS B 1256（平座金）に規定されています。硬さ区分 100 HV は，100 HV～200 HV の硬さ範囲に，硬さ区分 200 HV は，200 HV～300 HV の範囲に，硬さ区分 300 HV は，300 HV～370 HV の範囲にそれぞれ適合しています。

平座金　小形－部品等級 A の製品仕様（JIS B 1256）

材料 a)		鋼		ステンレス鋼
	鋼種区分 b)	—		A2 F1 C1 A4　　 C4
	適用規格	—		JIS B 1054-1
機械的性質	硬さ区分	200 HV	300 HV e)	200 HV
	硬さ範囲 d)	200 HV～300 HV	300 HV～370 HV	200 HV～300 HV
公差	部品等級	A		
	適用規格	JIS B 1022		

平座金　小形－部品等級 A の呼び方（JIS B 1256）

例1	製品	呼び径 d = 8 mm，硬さ区分 200 HV の小形系列，部品等級 A の鋼製平座金
	呼び方	平座金・小形－JIS B 1256－ISO 7092－8－200 HV－部品等級 A
例2	製品	呼び径 d = 8 mm，硬さ区分 200 HV の小形系列，部品等級 A の鋼種区分 A2 ステンレス鋼製平座金
	呼び方	平座金・小形－JIS B 1256－ISO 7092－8－200 HV－A2－部品等級 A

平座金　並形－部品等級 C の製品仕様（JIS B 1256）

材料 a)		鋼
機械的性質	硬さ区分	100 HV
	硬さ範囲 b)	100 HV～200 HV
公差	部品等級	C
	適用規格	JIS B 1022

chapter 9　●　163

【解　説】

　平座金は，高い締付け力を要求する場合には，硬くて厚い平座金を選択することになります。当然，硬い平座金は熱処理が施されることになります。また，熱処理，電気めっき又はりん酸塩処理を施した後，水素ぜい化を回避するために直ちに適切な処理を行うことが求められます。

▼ One Point Column　国際規格との整合を妨げる要因

　六角ナットは，形状・寸法の違いのほか，特に二面幅，ナット高さ，面取り，座付きの部分の寸法が，ISO規格と従来の日本独自のJISとで異なり，国際規格との整合を妨げています。国際規格に整合させたJISの改正が容易でない理由は，これまでのJISを使用しても技術的に大きな問題がないこと，切り替えるための作業工具の取替えが生じること，設計図書の変更が伴うなどの理由があります。それに加え，国内での入手が困難なことがあげられます。

　ISOねじに一本化するためのJIS改正は，ねじの互換性を高める目標に向かった，主要な産業界の決断によるものでした。しかし，ねじ部品の頭部形状などの違いは，ねじ部の互換性とは異なる部品調達の容易性という側面があることから，容易に切替えが進展しません。国際規格への一本化に向けたソフトランディングを模索するJIS関係者の苦闘が続く問題でもあるのです。

One Point Column ◢

04 ばね座金について知る

ばね座金は，JIS B 1251（ばね座金）に規定されています。

【規定内容】

ばね座金は，一般用及び重荷重用のばね座金，軽荷重用及び重荷重用の皿ばね座金1種，軽荷重用及び重荷重用の皿ばね座金2種，内歯形，外歯形，皿形及び内外歯形の歯付き座金並びに重荷重用の波形ばね座金の11種類がJIS B 1251（ばね座金）に規定されています。

材料と形状との組合せには，鋼製ばね座金，ステンレス鋼製ばね座金，りん青銅製ばね座金，鋼製皿ばね座金，鋼製歯付き座金，りん青銅製歯付き座金，鋼製波形ばね座金，ステンレス鋼製波形ばね座金及びりん青銅製波形ばね座金があり，それぞれに硬さ，ばね作用，粘り強さを規定しています。

形状・寸法は，ばね座金一般用で呼び2〜39 mm，ばね座金重荷重用で呼び6〜27 mmのほか，皿ばね座金1種及び2種，歯付き座金の内歯形・外歯形，皿形及び内外歯形，波形ばね座金について規定しています。

ばね座金の種類（JIS B 1251）

座金	種類	記号	適用ねじ部品	備考
ばね座金	一般用	2号	一般用のボルト，小ねじ，ナット	付表1
	重荷重用	3号	一般用のボルト，ナット	付表2

【解説】

ばね座金は，ボルト，ナット，小ねじなどの座面と締付け部との間に入れるばね作用のある座金で，回り止めの作用をします。

座金の硬さは，例えば，鋼製ばね座金の場合42 HRC〜50 HRC又は412 HV〜513 HV，鋼製皿ばね座金の場合40 HRC〜48 HRC又は392 HV〜484 HV，鋼製波形ばね座金の場合40 HRC〜48 HRC又は392 HV〜484 HVとなっています。

ばね座金の選択は，これらの硬さに加え，ばね作用，粘り強さと形状・寸法との組合せから決めることになります。

ばね座金一般用の形状・寸法（JIS B 1251）

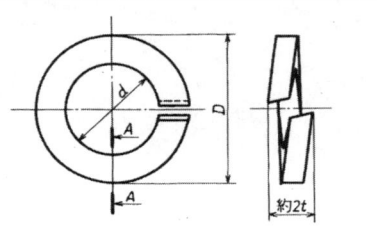

注＊　面取り又は丸み

A-A

単位 mm

呼び	内径 d		断面寸法（最小）		外径 D（最大）	試験後の自由高さ（最小）	試験荷重（kN）
	基準寸法	許容差	幅 b	厚さ $t^{(3)}$			
2	2.1	+0.25 / 0	0.9	0.5	4.4	0.85	0.42
2.5	2.6	+0.3 / 0	1	0.6	5.2	1	0.69
3	3.1		1.1	0.7	5.9	1.2	1.03
(3.5)	3.6		1.2	0.8	6.6	1.35	1.37
4	4.1	+0.4 / 0	1.4	1	7.6	1.7	1.77
(4.5)	4.6		1.5	1.2	8.3	2	2.26
5	5.1		1.7	1.3	9.2	2.2	2.94
6	6.1		2.7	1.5	12.2	2.5	4.12
(7)	7.1		2.8	1.6	13.4	2.7	5.88
8	8.2	+0.5 / 0	3.2	2	15.4	3.35	7.45
10	10.2		3.7	2.5	18.4	4.2	11.8
12	12.2	+0.6 / 0	4.2	3	21.5	5	17.7
(14)	14.2		4.7	3.5	24.5	5.85	23.5
16	16.2	+0.8 / 0	5.2	4	28	6.7	32.4
(18)	18.2		5.7	4.6	31	7.7	39.2
20	20.2		6.1	5.1	33.8	8.5	49.0
(22)	22.5	+1.0 / 0	6.8	5.6	37.7	9.35	61.8
24	24.5		7.1	5.9	40.3	9.85	71.6
(27)	27.5	+1.2 / 0	7.9	6.8	45.3	11.3	93.2
30	30.5		8.7	7.5	49.9	12.5	118
(33)	33.5	+1.4 / 0	9.5	8.2	54.7	13.7	147
36	36.5		10.2	9	59.1	15	167
(39)	39.5		10.7	9.5	63.1	15.8	197

注$^{(3)}$　$t = \dfrac{T_1 + T_2}{2}$

05 ピンについて知る

ピンは，JIS B 1351（割りピン），JIS B 1352（テーパピン）などに規定されています。

【規定内容】

割ピンの種類は，形状，硬さなどによって分かれています。

割ピンは，鋼製，黄銅製及びステンレス鋼製です。呼び径 0.6 〜 20 mm までの寸法が JIS B 1351（割りピン）に規定されています。

割りピンの形状・寸法（JIS B 1351）

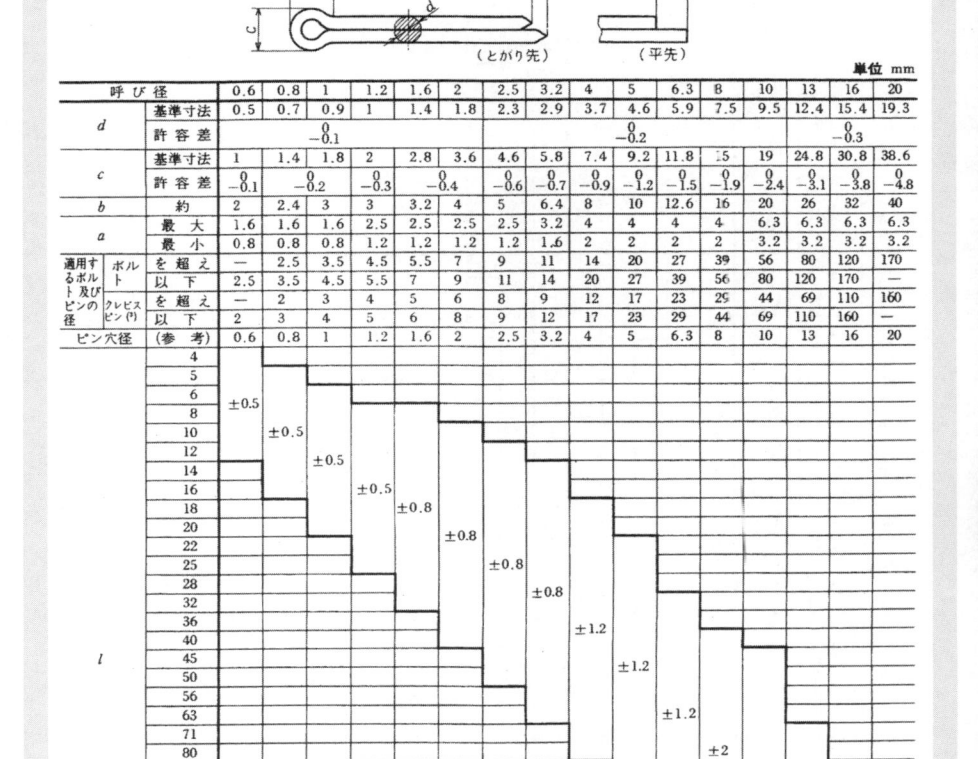

単位 mm

呼び径			0.6	0.8	1	1.2	1.6	2	2.5	3.2	4	5	6.3	8	10	13	16	20
d		基準寸法	0.5	0.7	0.9	1	1.4	1.8	2.3	2.9	3.7	4.6	5.9	7.5	9.5	12.4	15.4	19.3
		許容差	\multicolumn{6}{c}{0 / −0.1}						0 / −0.2					0 / −0.3		
c		基準寸法	1	1.4	1.8	2	2.8	3.6	4.6	5.8	7.4	9.2	11.8	15	19	24.8	30.8	38.6
		許容差	0/−0.1	0/−0.2		0/−0.3	0/−0.4		0/−0.6	0/−0.7	0/−0.9	0/−1.2	0/−1.5	0/−1.9	0/−2.4	0/−3.1	0/−3.8	0/−4.8
b		約	2	2.4	3	3	3.2	4	5	6.4	8	10	12.6	16	20	26	32	40
a		最 大	1.6	1.6	1.6	2.5	2.5	2.5	2.5	3.2	4	4	4	4	6.3	6.3	6.3	6.3
		最 小	0.8	0.8	0.8	1.2	1.2	1.2	1.2	1.6	2	2	2	2	3.2	3.2	3.2	3.2
適用するボルト及びピンの径	ボルト	を超え	—	2.5	3.5	4.5	5.5	7	9	11	14	20	27	39	56	80	120	170
		以 下	2.5	3.5	4.5	5.5	7	9	11	14	20	27	39	56	80	120	170	—
	クレビスピン(?)	を 超 え	—	2	3	4	5	6	8	9	12	17	23	29	44	69	110	160
		以 下	2	3	4	5	6	8	9	12	17	23	29	44	69	110	160	—
ピン穴径		（参考）	0.6	0.8	1	1.2	1.6	2	2.5	3.2	4	5	6.3	8	10	13	16	20
l		4	±0.5															
		5																
		6																
		8																
		10		±0.5														
		12																
		14			±0.5													
		16																
		18				±0.8												
		20																
		22																
		25					±0.8											
		28																
		32						±0.8										
		36																
		40																
		45							±1.2									
		50																
		56																
		63							±1.2									
		71																
		80									±2							
		90										±2						
		100																

chapter 9 ● 167

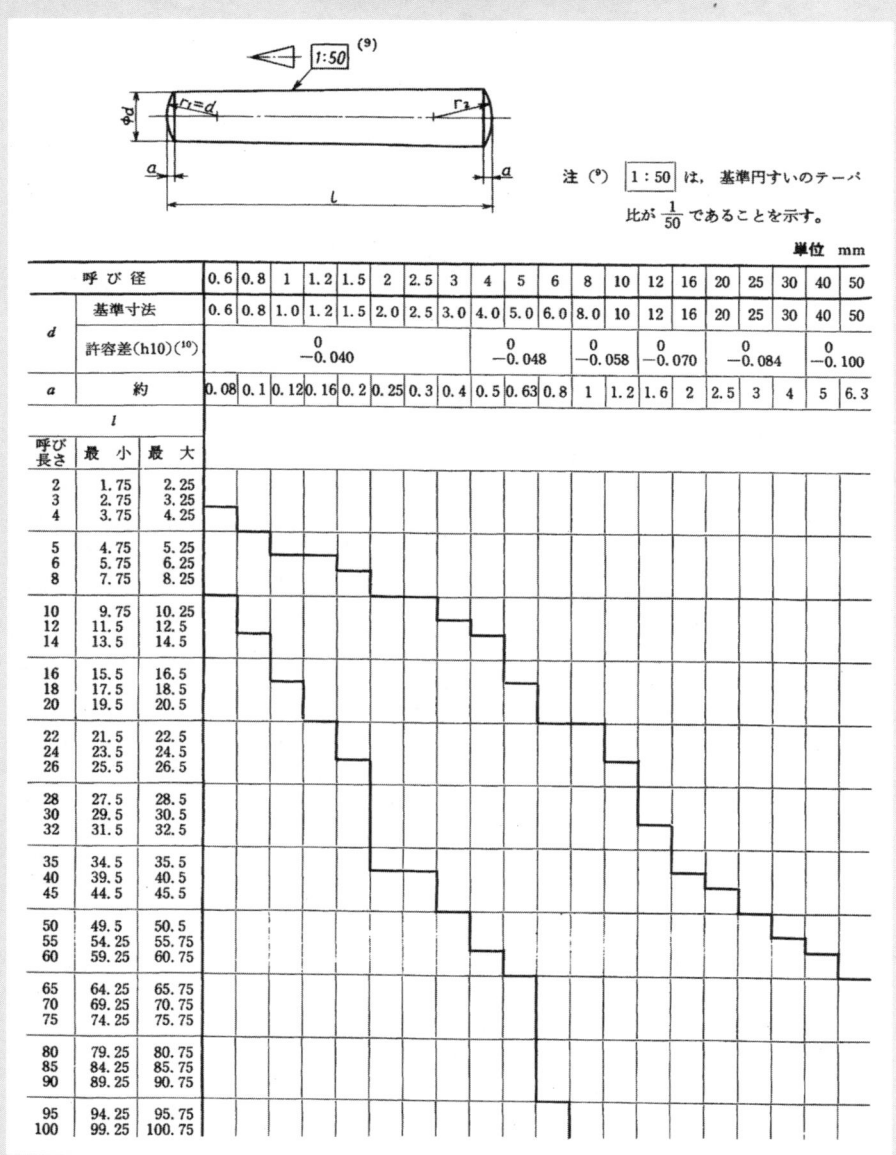

テーパピンは，テーパ 1/50 の鋼製及びステンレス鋼製です。テーパ部の表面粗さによって A 種及び B 種，呼び径 0.6 ～ 50 mm までの寸法が JIS B 1352（テーパピン）に規定されています。

テーパピンの形状・寸法（JIS B1352）

注(9) $1:50$ は，基準円すいのテーパ比が $\frac{1}{50}$ であることを示す。

単位 mm

呼び径		0.6	0.8	1	1.2	1.5	2	2.5	3	4	5	6	8	10	12	16	20	25	30	40	50
d	基準寸法	0.6	0.8	1.0	1.2	1.5	2.0	2.5	3.0	4.0	5.0	6.0	8.0	10	12	16	20	25	30	40	50
	許容差(h10)(10)	0 / −0.040								0 / −0.048			0 / −0.058		0 / −0.070		0 / −0.084			0 / −0.100	
a	約	0.08	0.1	0.12	0.16	0.2	0.25	0.3	0.4	0.5	0.63	0.8	1	1.2	1.6	2	2.5	3	4	5	6.3

l

呼び長さ	最小	最大
2	1.75	2.25
3	2.75	3.25
4	3.75	4.25
5	4.75	5.25
6	5.75	6.25
8	7.75	8.25
10	9.75	10.25
12	11.5	12.5
14	13.5	14.5
16	15.5	16.5
18	17.5	18.5
20	19.5	20.5
22	21.5	22.5
24	23.5	24.5
26	25.5	26.5
28	27.5	28.5
30	29.5	30.5
32	31.5	32.5
35	34.5	35.5
40	39.5	40.5
45	44.5	45.5
50	49.5	50.5
55	54.25	55.75
60	59.25	60.75
65	64.25	65.75
70	69.25	70.75
75	74.25	75.75
80	79.25	80.75
85	84.25	85.75
90	89.25	90.75
95	94.25	95.75
100	99.25	100.75

先割りテーパピンは，テーパ 1/50 の鋼製及びステンレス鋼製です。呼び径 2 〜 20 mm までの寸法が JIS B 1353（先割りテーパピン）に規定されています。

先割りテーパピンの形状・寸法（JIS B1353）

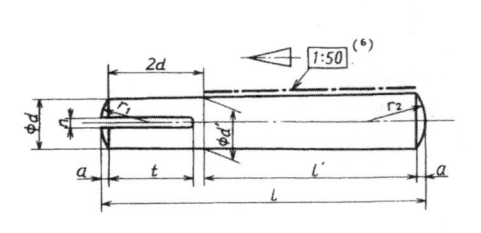

$$r_1 \fallingdotseq d, \quad r_2 \fallingdotseq \frac{a}{2} + d + \frac{(0.02\,l)^2}{8\,a}$$

注 (6) $\boxed{1:50}$ は，基準円すいのテーパ比が $\frac{1}{50}$ であることを示し，太い一点鎖線は，円すい公差の適用範囲を，l' はその長さを示す。

割込み部先端の偏肉 ＝ $A_1 - A_2$
割込み部底の偏肉 　 ＝ $B_1 - B_2$

単位 mm

呼び径			2	2.5	3	4	5	6	8	10	12	16	20
d	呼び円すい直径		2.0	2.5	3.0	4.0	5.0	6.0	8.0	10	12	16	20
d'	基準寸法 (7)		2.08	2.60	3.12	4.16	5.20	6.24	8.32	10.40	12.48	16.64	20.80
	許容差 (8)		0 −0.040			0 −0.048			0 −0.058		0 −0.070		0 −0.084
n	最 小		0.4			0.6			0.8		1.0		1.6
t	最 小		3	3.5	4.5	6	7.5	9	12	15	18	24	30
	最 大		4	5	6	8	10	12	16	20	24	32	40
a	約		0.25	0.3	0.4	0.5	0.63	0.8	1.0	1.2	1.6	2.0	2.5
A_1-A_2 B_1-B_2	最 大		0.2			0.3			0.4		0.5		0.8

l		
呼び長さ	最 小	最 大
10	9.75	10.25
12	11.5	12.5
14	13.5	14.5
16	15.5	16.5
18	17.5	18.5
20	19.5	20.5
22	21.5	22.5
24	23.5	24.5
26	25.5	26.5
28	27.5	28.5
30	29.5	30.5
32	31.5	32.5
35	34.5	35.5
40	39.5	40.5

chapter 9

平行ピンは，鋼製及びステンレス鋼製です。端面の形状によってA種，B種，C種があり，呼び径0.6〜50 mmまでの寸法がJIS B 1354（平行ピン）に規定されています。

平行ピンの形状・寸法（JIS B1354）

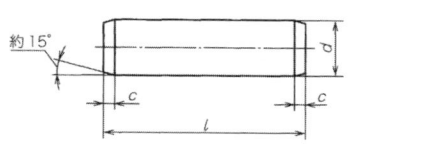

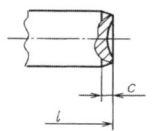

端面の形状は，受渡当事者間の協定による。

単位 mm

d 公差域クラス m6 又は h8 [a]		0.6	0.8	1	1.2	1.5	2	2.5	3	4	5	6	8	10	12	16	20	25	30	40	50
c 約		0.12	0.16	0.2	0.25	0.3	0.35	0.4	0.5	0.63	0.8	1.2	1.6	2	2.5	3	3.5	4	5	6.3	8
呼び長さ	l [b] 最小	最大																				
2	1.75	2.25																				
3	2.75	3.25																				
4	3.75	4.25																				
5	4.75	5.25																				
6	5.75	6.25																				
8	7.75	8.25																				
10	9.75	10.25																				
12	11.5	12.5																				
14	13.5	14.5																				
16	15.5	16.5																				
18	17.5	18.5																				
20	19.5	20.5																				
22	21.5	22.5																				
24	23.5	24.5																				
26	25.5	26.5																				
28	27.5	28.5																				
30	29.5	30.5																				
32	31.5	32.5																				
35	34.5	35.5																				
40	39.5	40.5																				
45	44.5	45.5																				
50	49.5	50.5																				
55	54.25	55.75																				
60	59.25	60.75																				
65	64.25	65.75																				
70	69.25	70.75																				
75	74.25	75.75																				
80	79.25	80.75																				
85	84.25	85.75																				
90	89.25	90.75																				
95	94.25	95.75																				
100	99.25	100.75																				
120	119.25	120.75																				
140	139.25	140.75																				
160	159.25	160.75																				
180	179.25	180.75																				
200	199.25	200.75																				

（推奨する呼び長さの範囲）

注 [a] d の公差域クラス m6 及び h8 は，**JIS B 0401-2** による。
なお，受渡当事者間の協定によって，他の公差域クラスを用いることができる。
[b] 200 mm を超える呼び長さは，20 mm とびとする。

ダウエルピンは，鋼製で熱処理によってA種とB種とがあります。呼び径1～20 mm までの寸法が JIS B 1355（ダウエルピン）に規定されています。

ダウエルピンの形状・寸法（JIS B1355）

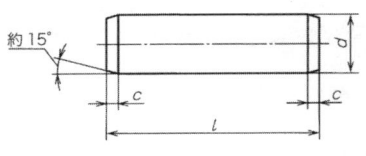

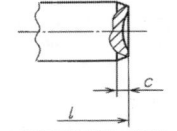

端面の形状は受渡当事者間の協定による。

単位 mm

d	公差域クラス m6 [a]		1	1.5	2	2.5	3	4	5	6	8	10	12	16	20
c		約	0.2	0.3	0.35	0.4	0.5	0.63	0.8	1.2	1.6	2	2.5	3	3.5
呼び長さ	l [b]														
	最小	最大													
3	2.75	3.25													
4	3.75	4.25													
5	4.75	5.25													
6	5.75	6.25													
8	7.75	8.25													
10	9.75	10.25													
12	11.5	12.5													
14	13.5	14.5													
16	15.5	16.5													
18	17.5	18.5													
20	19.5	20.5													
22	21.5	22.5													
24	23.5	24.5						推奨する呼び長さの範囲							
26	25.5	26.5													
28	27.5	28.5													
30	29.5	30.5													
32	31.5	32.5													
35	34.5	35.5													
40	39.5	40.5													
45	44.5	45.5													
50	49.5	50.5													
55	54.25	55.75													
60	59.25	60.75													
65	64.25	65.75													
70	69.25	70.75													
75	74.25	75.75													
80	79.25	80.75													
85	84.25	85.75													
90	89.25	90.75													
95	94.25	95.75													
100	99.25	100.75													

注 [a] dの公差域クラス m6 は，**JIS B 0401-2** による。
なお，受渡当事者間の協定によって，他の公差域クラスを用いることができる。
[b] 100 mm を超える呼び長さは，20 mm とびとする。

ねじ付きテーパピンは，テーパ 1/50 の鋼製でめねじ付きとおねじ付きテーパピンとがあります。さらにめねじ付きには，テーパ部の表面粗さによって A 種及び B 種があります。めねじ付きは呼び径 6 ～ 50 mm，おねじ付きは 5 ～ 50 mm までの寸法が JIS B 1358（ねじ付きテーパピン）に規定されています。

めねじ付きテーパピン（A 種及び B 種）の形状・寸法（JIS B1358）

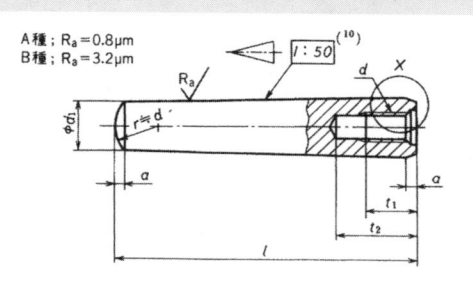

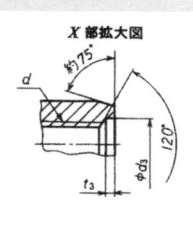

単位 mm

呼び径			6	8	10	12	16	20	25	30	40	50
ねじの呼び (d)			M 4	M 5	M 6	M 8	M 10	M 12	M 16	M 20	M 20	M 24
	ねじのピッチ (P)		0.7	0.8	1	1.25	1.5	1.75	2	2.5	2.5	3
d_1	基準寸法		6	8	10	12	16	20	25	30	40	50
	許容差 (h 10) [11]		0 -0.048		0 -0.058		0 -0.070		0 -0.084		0 -0.100	
a	約		0.8	1	1.2	1.6	2	2.5	3	4	5	6.3
d_3	約		4.3	5.3	6.4	8.4	10.5	13	17	21	21	25
t_1	最小		6	8	10	12	16	18	24	30	30	36
t_2	約		10	12	16	20	25	28	35	40	40	50
t_3	最大		1	1.2	1.2	1.2	1.5	1.5	2	2	2.5	2.5
呼び長さ	l 最小	最大										
16	15.5	16.5										
18	17.5	18.5										
20	19.5	20.5										
22	21.5	22.5										
24	23.5	24.5										
26	25.5	26.5										
28	27.5	28.5										
30	29.5	30.5										
32	31.5	32.5										
35	34.5	35.5										
40	39.5	40.5										
45	44.5	45.5										
50	49.5	50.5										
55	54.25	55.75										
60	59.25	60.75										
65	64.25	65.75										
70	69.25	70.75										
75	74.25	75.75										
80	79.25	80.75										
85	84.25	85.75										
90	89.25	90.75										
95	94.25	95.75										
100	99.25	100.75										
120	119.25	120.75										

めねじ付き平行ピンは，鋼製で熱処理によって1種，2種A，2種Bがあります。呼び径6～50 mmまでの寸法がJIS B 1359（めねじ付き平行ピン）に規定されています。

めねじ付き平行ピン1種の形状・寸法（JIS B1359）

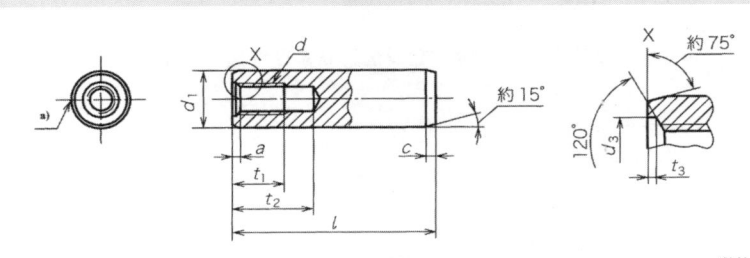

単位 mm

d_1	公差域クラス m6 [b]		6	8	10	12	16	20	25	30	40	50
a		約	0.8	1	1.2	1.6	2	2.5	3	4	5	6.3
c		約	1.2	1.6	2	2.5	3	3.5	4	5	6.3	8
ねじの呼び d			M4	M5	M6	M6	M8	M10	M16	M20	M20	M24
P [c]			0.7	0.8	1	1	1.25	1.5	2	2.5	2.5	3
d_3			4.3	5.3	6.4	6.4	8.4	10.5	17	21	21	25
t_1			6	8	10	12	16	18	24	30	30	36
t_2		最小	10	12	16	20	25	28	35	40	40	50
t_3			1	1.2	1.2	1.2	1.5	1.5	2	2	2.5	2.5

呼び長さ	l [d] 最小	最大										
16	15.5	16.5										
18	17.5	18.5										
20	19.5	20.5										
22	21.5	22.5										
24	23.5	24.5										
26	25.5	26.5										
28	27.5	28.5										
30	29.5	30.5										
32	31.5	32.5										
35	34.5	35.5										
40	39.5	40.5										
45	44.5	45.5										
50	49.5	50.5										
55	54.25	55.75										
60	59.25	60.75			推奨する呼び長さの範囲								
65	64.25	65.75										
70	69.25	70.75										
75	74.25	75.75										
80	79.25	80.75										
85	84.25	85.75										
90	89.25	90.75										
95	94.25	95.75										
100	99.25	100.75										
120	119.25	120.75										
140	139.25	140.75										
160	159.25	160.75										
180	179.25	180.75										
200	199.25	200.75										

chapter 9

スナップピンは，形状によって軸孔タイプ1種，2種，3種と，軸溝タイプ1種，2種とがあります。軸孔タイプは，呼び4～14 mm，軸溝タイプ1種は，4～28 mm，軸溝タイプ2種は，3～16 mmまでの寸法がJIS B 1360（スナップピン）に規定されています。

円弧部抜止めタイプ SPA1 ピンの形状及び寸法（JIS B 1360）

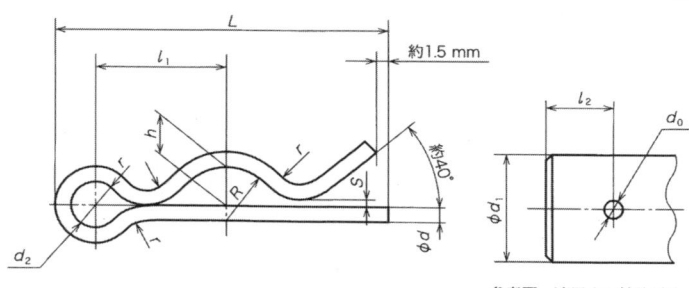

参考図　適用する軸及び孔

単位 mm

呼び	円弧部抜止めタイプ							適用する軸及び孔 (参考)		
	d 基準寸法	d_2 (約)	l_1	R	h (約)	S (最大)	L (約)	軸径 d_1	孔径 d_0	端面距離 l_2 (最小)
4	1.0	3.0	6.0	2.0	1.0	0.5	16.3	4.0	1.2	3.0
5			6.5	2.5	1.5		17.9	5.0		3.5
6	1.2	3.6	7.8	3.0	1.8	0.6	21.2	6.0	1.5	4.0
8	1.6	4.8	10.4	4.0	2.4	0.8	27.7	8.0	1.9	5.0
10	1.8	5.4	12.2	5.0	3.2	0.9	32.6	10.0	2.2	6.0
12			13.2	6.0	4.2		35.8	12.0		7.0
14	2.0	6.0	15.0	7.0	5.0	1.0	40.6	14.0	2.4	8.0

備考 1. d は，成形前の材料の直径を示す。
　　 2. r は，約 $1.5d$。

スプリングピンは，鋼製及びステンレス鋼製で，溝付きと二重巻きとがあり，さらに重荷重用，一般用，軽荷重用に分けた計6種類があります。呼び径1～50 mmまでの寸法がJIS B 2808（スプリングピン）に規定されています。

スプリングピンの種類（JIS B 2808）

種類		記号	寸法
溝付き	重荷重用	GH	付表1
	一般用	GS	付表2
	軽荷重用	GL	付表3
二重巻き	重荷重用	CH	付表4
	一般用	CS	付表5
	軽荷重用	CL	付表6

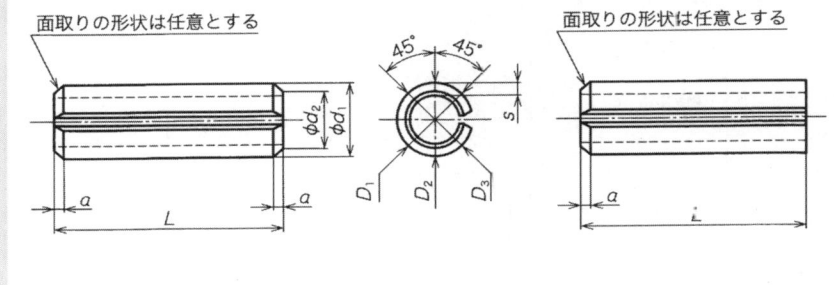

備考　d_1の最大は，スプリングピンの円周上における最大値とし，d_1の最小はD_1，D_2及びD_3の3か所の平均値とする。

溝付きスプリングピンの形状（JIS B 2808）

【解　説】

ピンは，穴に差し込んで，位置決め，ねじの回り止めなどを目的に用いる棒状又は筒状の部品で，形によって割りピン，平行ピン，テーパピン，スプリングピンなどがあります。ピンは，それぞれの規格で熱処理の種類及び硬さを規定しています。**割りピンの硬さ**は，JIS B 1351（割りピン），**テーパピンの硬さ**は，JIS B 1352（テーパピン）に規定されています。

先割りテーパピンの硬さは，JIS B 1353（先割りテーパピン）に規定されています。
　平行ピンの硬さは，JIS B 1354（平行ピン）に規定されています。
　ダウエルピンの硬さは，JIS B 1355（ダウエルピン）に規定されています。
　ねじ付きテーパピンの硬さは，JIS B 1358（ねじ付きテーパピン）に規定されています。**めねじ付き平行ピンの硬さ**は，JIS B 1359（めねじ付き平行ピン）に規定されています。
　スナップピンの場合は，軸溝タイプ 2 種の場合の硬さは 400 HV 〜 460 HV ですが，それ以外の場合は使用材料と冷間成形加工後の処理が規定されています。
　スプリングピンの場合は，次のような品質が規定されています。

溝付きスプリングピンに対する品質（JIS B 2808）

材料(^{2})	鋼		オーステナイト系ステンレス鋼	マルテンサイト系ステンレス鋼
材料記号	St		A	C
化学成分（％）	次のいずれかの鋼種とする。		C ≦0.15 Mn≦2.00 Si ≦1.50 Cr16〜20 Ni6〜12 P ≦0.045 S ≦0.03 Mo≦0.8	C ≧0.15 Mn≦1.00 Si ≦1.00 Cr11.5〜14 Ni ≦1.00 P ≦0.04 S ≦0.03
	炭素鋼	シリコンマンガン鋼		
	軽荷重用 C ≧0.64 　　　　 Mn≧0.6 重荷重用 C ≧0.65 　　　　 Mn≧0.5	C ≧0.5 Si ≧1.5 Mn≧0.7		
硬さ	ビッカース硬さ：420〜520 HV30 に焼入焼戻し，又はオーステンパ処理したもの。	ビッカース硬さ：420〜520 HV30 に焼入焼戻ししたもの。	冷間加工したもの。	ビッカース硬さ：440〜560 HV30 に焼入焼戻ししたもの。

二重巻きスプリングピンに対する品質（JIS B 2808）

材料(^{4})	鋼		オーステナイト系ステンレス鋼	マルテンサイト系ステンレス鋼
材料記号	St		A	C
化学成分（％）	すべてのスプリングピン	スプリングピンの直径 d_1 が 12 mm を超える場合の代替化学成分％	C ≦0.15 Mn≦2.00 Si ≦1.50 Cr16〜19 P ≦0.045 S ≦0.03 Mo≦0.08	C ≧0.15 Mn≦1.00 Si ≦1.00 Cr11.5〜14 Ni ≦1.00 P ≦0.04 S ≦0.03
	C ≧0.64 Mn≧0.6 Si ≧0.15 Cr(^{5}) P ≦0.04 S ≦0.05	C ≧0.38 Mn≧0.70 Si ≧0.20 Cr ≧0.80 V ≧0.15 P ≦0.035 S ≦0.04		
硬さ	ビッカース硬さ：420〜520 HV30 に焼入焼戻ししたもの。		冷間加工したもの。	ビッカース硬さ：440〜560 HV30 に焼入焼戻ししたもの。

06 リベットについて知る

リベットは，JIS B 1213（冷間成形リベット）などに規定されています。

【規定内容】

JIS B 0147（ブラインドリベット－用語及び定義）では，**ブラインドリベット**をその挿入及び装着の作業が片側方向からだけしか行えなくても，一つの組立品を構成する部品を互いに締付ける能力をもつ機械的な締結用部品と定義しています。ブラインドリベットの本体，端部，頭部，胴部，心部，マンドレルなどの用語についても，定義しています。

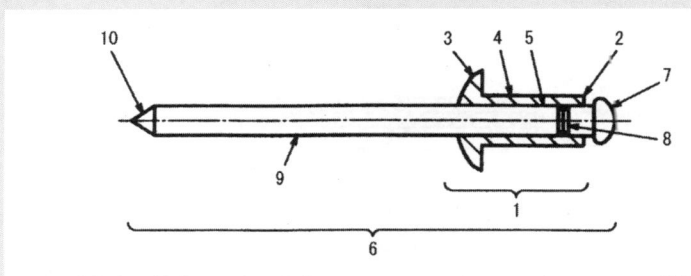

1	ブラインドリベットの本体	2	ブラインドリベットの端部
3	ブラインドリベットの頭部	4	ブラインドリベットの胴部
5	ブラインドリベットの心部	6	マンドレル
7	マンドレルの頭部	8	破断領域
9	マンドレルの軸部	10	マンドレルの先端部

ブラインドリベットの要素（JIS B 0147）

ブラインドリベットの機械的試験として，せん断試験，引張試験，マンドレル頭部の保持性能試験，装着前のマンドレルの耐ブッシュアウト力試験及びマンドレル破断荷重試験がJIS B 1087（ブラインドリベット－機械的試験）に規定されています。

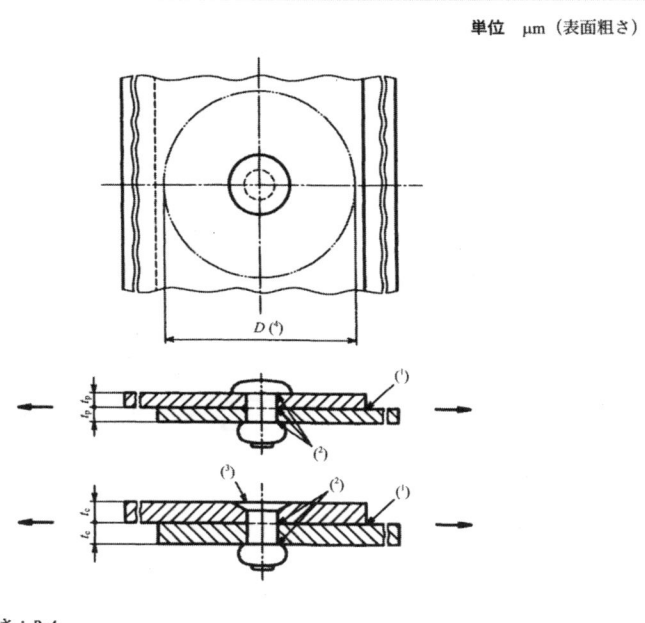

注(^{1}) 表面粗さ：$Rz4$
(^{2}) 試験用すき間穴の角部に，ばりがあってはならない。
(^{3}) 皿面の角度は，リベット頭の呼び角度を基準とし，許容差を$_{-2}^{\ 0}°$とする。
(^{4}) 試料の軸線を中心とし，直径$D=25$ mmで囲む最小の円形平面領域。

日常せん断試験用取付具（JIS B 1087）

冷間成形リベットは，冷間で成形した鋼製，黄銅製，銅製及びアルミニウム製のリベットです。呼び径1～22 mmの形状，寸法及び頭部のじん性，軸部のじん性などの性能がJIS B 1213（冷間成形リベット）に規定されています。

熱間成形リベットは，熱間で成形した鋼製のリベットです。呼び径10～44 mmの形状，寸法及び頭部のじん性，軸部のじん性の機械的性質がJIS B 1214（熱間成形リベット）に規定されています。

冷間成形丸リベットの形状・寸法 (JIS B 1213)

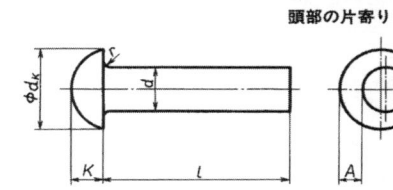

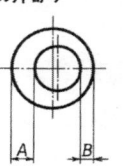

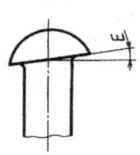

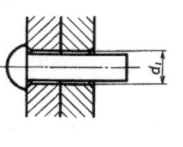

単位 mm

呼び径 [5]		1欄	3		4		5	6	8	10	12	
		2欄		3.5		4.5						14
		3欄									13	
軸径 (d)		基準寸法	3	3.5	4	4.5	5	6	8	10	12	13	14
		許容差	+0.12/−0.03	+0.14/−0.04	+0.16/−0.04	+0.18/−0.05	+0.2/−0.05	+0.24/−0.06	+0.32/−0.08	+0.4/−0.08	+0.48/−0.08	+0.5/−0.08	+0.56/−0.1
頭部直径 (d_K)		基準寸法	5.7	6.7	7.2	8.1	9	10	13.3	16	19	21	22
		許容差	±0.2				±0.3						
頭部高さ (K)		基準寸法	2.1	2.5	2.8	3.2	3.5	4.2	5.6	7	8	9	10
		許容差	±0.15				±0.2			±0.25			
首下の丸み (r) [6]		最大	0.15	0.18	0.2	0.23	0.25	0.3	0.4	0.5	0.6	0.65	0.7
$A − B$		最大	0.2				0.3		0.4	0.5	0.7		
E		最大	2°										
穴の径 (d_1)		(参考)	3.2	3.7	4.2	4.7	5.3	6.3	8.4	10.6	12.8	13.8	15
長さ (l)		基準寸法	3 4 5 6	4 5 6	4 5 6	5 6	5 6	6					

熱間成形丸リベットの形状・寸法 (JIS B 1214)

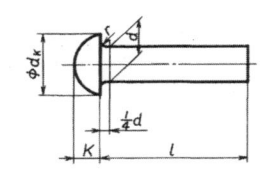

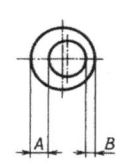

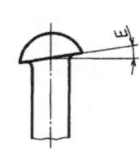

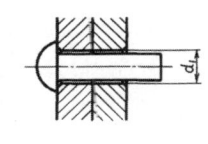

単位 mm

呼び径 [4]		1欄	10	12		14	16		18		20	
		2欄				14			18			22
		3欄			13					19		
軸径 (d)		基準寸法	10	12	13	14	16		18	19	20	22
		許容差	+0.6/0						+0.8/0			
頭部直径 (d_K)		基準寸法	16	19	21		22	26	29	30	32	35
		許容差	+0.5/−0.25				+0.55/−0.3			+0.6/−0.35		
頭部高さ (K)		基準寸法	7	8	9		10	11	12.5	13.5	14	15.5
		許容差	+0.6/0						+0.8/0			
首下の丸み (r) [5]		最大	0.5	0.6	0.65		0.7	0.8	0.9	0.95	1.0	1.1
$A − B$		最大	0.5	0.7	0.7		0.7	0.8	0.9	0.9	0.9	1.1
E		最大	2°									
穴の径 (d_1)		(参考)	11	13	14		15	17	19.5	20.5	21.5	23.5
長さ (l)		基準寸法	10 12 14 16 18	12 14 16 18	14 16 18		16 18	18				

セミチューブラリベットは，鋼製，黄銅製，銅製及びアルミニウム製のリベットです。呼び径 1.2 〜 8 mm の形状，寸法及び頭部のじん性，かしめ性の機械的性質が JIS B 1215（セミチューブラリベット）に規定されています。

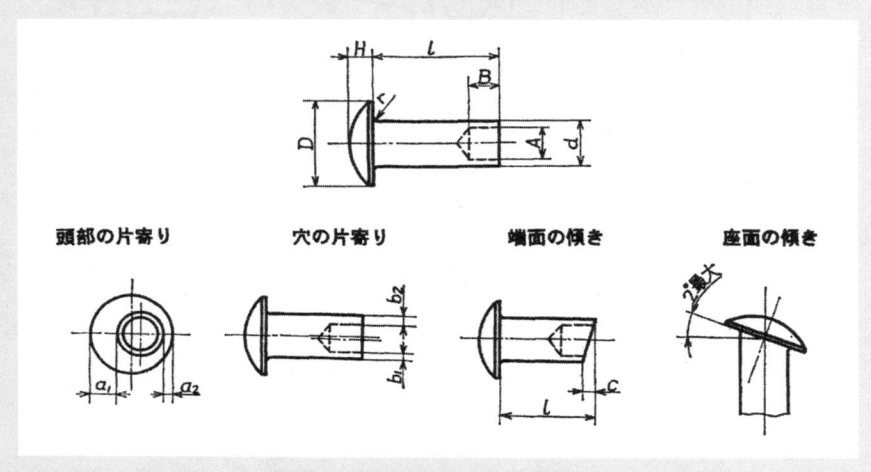

セミチューブラ（薄丸）リベットの形状（JIS B 1215）

【解　説】

　リベットは，軸部にねじがない頭付きの締結用部品で，一度取り付けたらねじ部品のように取外しはできません。しかし，締結部の穴に軸部を差し込み，軸端をかしめるだけですから，比較的簡単な操作で締結できるものです。冷間圧造で頭部を成形したものを**冷間成形リベット**といい，熱間圧造で頭部を成形したものを**熱間成形リベット**といいます。

　他には，軸に中空部があるもので，中空部の深さが軸径の約 90％ のセミチューブラリベット，中空部の長さが軸径の 1.12 倍を超えるフルチューブラリベット，差し込んだ側からかしめができるブラインドリベットなどがあります。

CHAPTER 10
ねじの締付け

01 ねじの締付け方法を知る ・・・・・・・・・・・・・・・・・ 182
02 ねじの締付け力とトルクを知る ・・・・・・・・・・・ 186
03 ねじの締付け管理について知る ・・・・・・・・・・・ 189

01 ねじの締付け方法を知る

ねじの締付け方法は，JIS B 1083（ねじの締付け通則）に規定されています。

【規定内容】

　　おねじとめねじとをはめ合わせて，おねじ部品の軸部に引張力，被締結部材に圧縮力を与えることを**ねじの締付け**といいます。このねじの締付け方法として，トルク法，回転角法及びトルクこう配法の3種類の締付け方法があります。

　　トルク法締付けは，締付けトルクと締付け力との線形関係を利用した締付け管理方法で，締付け作業時に締付けトルクだけを管理するために，特殊な締付け用具を必要としない作業性に優れた簡便な方法です。

　　回転角法締付けは，ボルト頭部とナットとの相対締付け回転角を締付け指標として初期締付け力を管理する方法で，締付けによってボルトが降伏しない範囲で締付ける弾性域締付け，及び締付けによってボルトが降伏し，極限締付け軸力に達するまでの範囲の塑性域締付けの両方に用いることができます。

　　トルクこう配法締付けは，締付け回転角に対する締付けトルクの関係曲線のこう配を検出し，それを締付け指標として初期締付け力を管理する方法で，通常はそのボルトの降伏締付け軸力が初期締付け力の目標値となります。

▼One Point Column　ねじ頭に付いている"くぼみ家"

　　1965年ごろから始まった，ISOメートルねじへの切換え促進を啓蒙していた当時のことです。

　　JISとISOねじのピッチが違うM3，M4，M5の小ねじの頭に，ISOねじであることを識別するくぼみ又は浮き出しのポッチを付けることをJISで規定していました。

　　今ではこうした規定はなくなっていますが，依然としてポッチが付いている小ねじがあります。当時の大変な苦労のシンボルとして思い出されます。

── One Point Column ◢

ねじの締付けに関する記号及び意味（JIS B 1083）

記号	意味
A_s	ねじの有効断面積
D_b	座面の摩擦に対する直径（計算値又は実測値）
D_o	ナット座面又はボルト頭部座面の外径，$d_{w,\,min}$ 又は $d_{k,\,min}$（製品規格参照）
d	ねじの呼び径
d_2	ねじの有効径の基準寸法
d_{As}	ねじの有効断面積に等しい面積をもつ円の直径
d_h	ボルト穴径
F	初期締付け力又は締付け力
F_A	目標締付け力
F_H	設計段階で指示する締付け力の上限値
F_L	設計段階で指示する締付け力の下限値
F_u	極限締付け軸力
F_y	降伏締付け軸力
K	トルク係数
K_b	ボルトのばね定数
K_c	被締結部材の圧縮ばね定数
P	ねじのピッチ
Q	締付け係数
R_{eL}	ボルトの下降伏点
$R_{p0.2}$	ボルトの0.2％耐力
T	締付けトルク
T_A	目標締付けトルク
T_S	スナグトルク
T_b	座面トルク
T_{th}	ねじ部トルク
T_y	降伏締付けトルク
η	$\Theta - F$ 線図における弾性域のこう配
Θ	ボルト頭部とナットとの相対締付け回転角（単位　度）
Θ_A	回転角法において，スナグ点を起点とした目標締付け回転角（単位　度）
Θ_u	回転角法において，極限締付け軸力の値に対応する，スナグ点を起点とした締付け回転角（単位　度）
Θ_y	回転角法において，降伏締付け軸力の値に対応する，スナグ点を起点とした締付け回転角（単位　度）
μ_b	座面の摩擦係数
μ_{th}	ねじ面の摩擦係数

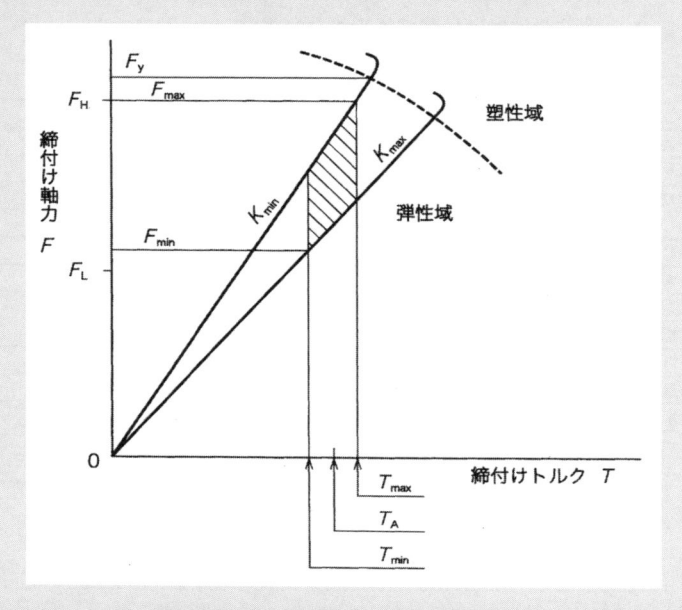

締付けトルクと締付け軸力との関係―トルク法締付け（JIS B 1083）

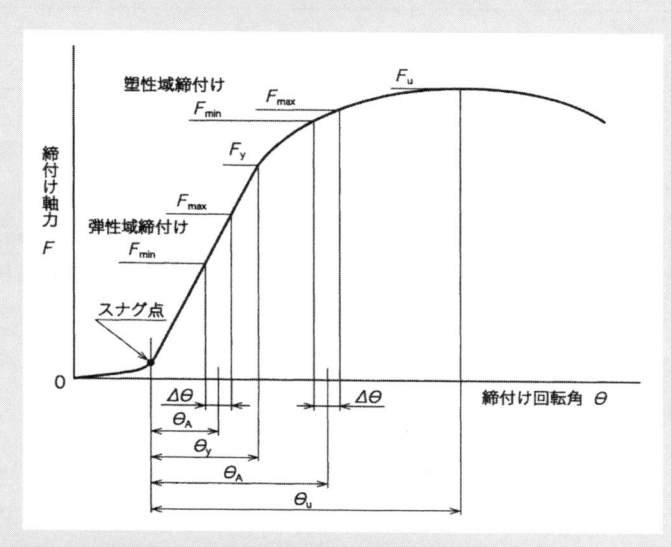

締付け回転角と締付け軸力との関係―回転角法締付け（JIS B 1083）

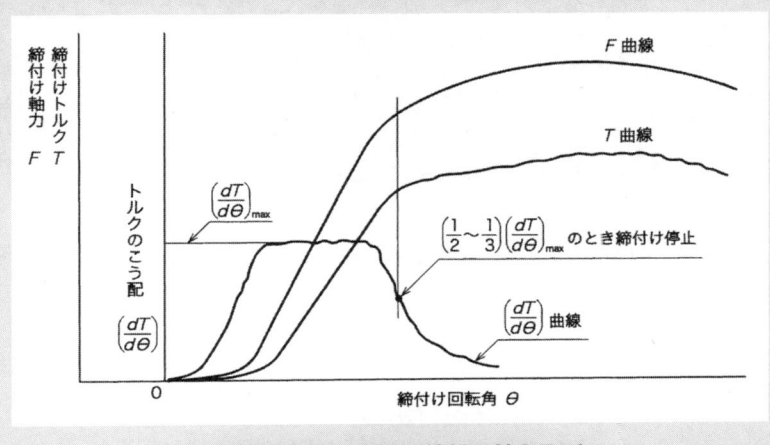

締付け回転角に対する締付け軸力及び
締付けトルクの関係―トルクこう配法締付け（JIS B 1083）

【解　説】

　ねじ締結は，2個以上の品物（被締結部材）をボルトのおねじ部とナット又は品物に形成されためねじ部とをはめ合わせ，ねじ締付けによって結合する方法又は結合した状態をいいます。

　ねじが締め付けられていなければ締結機能を発揮することができないので，確実に締め付け，初期締付け力を確保することです。現場での一般的な締付けは，ドライバ，スパナ，レンチという作業工具，電動工具で行うトルク法締付けが用いられます。

　回転角法では，回転角の角度割出し目盛板（分度器），電気的な検出器などを用いますが，塑性域締付けの場合は，ボルト頭部又はナットの形状を利用した目視による角度管理が可能な場合もあります。実際の締付けでは，スナグ点の検出が難しいともいわれます。

　トルクこう配法では，締付け時に締付けトルク及び回転角を同時に検出し，さらにそれらのこう配を計算・比較する必要があるため，電気的な検出器，マイクロコンピューターなどの演算装置を内蔵した用具が必要です。

chapter 10 ● 185

02 ねじの締付け力とトルクを知る

ねじの締付け力とトルクは，JIS B 1083（ねじの締付け通則）などに規定されています。

【規定内容】

締付けトルクと**締付け力**との関係について，JIS B 1083（ねじの締付け通則）では，次のように規定しています。

5.1 トルクと締付け力との関係

弾性域締付けにおける締付けトルクと締付け力との関係は，次の式(1)による。

$$T = T_{th} + T_b = KFd \quad \cdots (1)$$

ここに，

$$K = \frac{1}{d}\left(\frac{P}{2\pi} + 0.577\,\mu_{th}\,d_2 + 0.5\,\mu_b\,D_b\right) \quad \cdots (2)$$

$$T_{th} = F\left(\frac{P}{2\pi} + 0.577\,\mu_{th}\,d_2\right) \quad \cdots (3)$$

$$T_b = \frac{F}{2}\,\mu_b\,D_b \quad \cdots (4)$$

接触する座面が円環状の場合には，式(5)による。

$$D_b = \frac{D_o + d_h}{2} \quad \cdots (5)$$

締付けトルクと締付け力との関係（JIS B 1083）

5.2 締付け回転角と締付け力との関係

締付け回転角と締付け力との関係が線形である場合，弾性域締付けにおける締付け回転角と締付け力との関係は，次の式(6)による。

$$\Theta = 360\,\frac{F}{P}\left(\frac{1}{K_b} + \frac{1}{K_c}\right) \quad \cdots (6)$$

締付け回転角と締付け力との関係（JIS B 1083）

5.3　降伏締付け軸力

全断面が降伏するものとすれば，ボルトのねじ部が最弱断面である呼び径ボルト及び有効径ボルトの降伏締付け軸力 F_y は，式(7)によって求めた値になる。

$$F_y = \frac{\sigma_y A_s}{\sqrt{1 + 3\left[\frac{3}{d_{As}}\left(\frac{P}{2\pi} + 0.577\, \mu_{th}\, d_2\right)\right]^2}} \quad \cdots\cdots\cdots\cdots (7)$$

ここに，　σ_y：　ボルトの下降伏点 R_{eL} の最小値
　　　　　　　　　又はボルトの 0.2 ％耐力 $R_{p0.2}$ の最小値

なお，ボルトの円筒部が最弱断面である伸びボルトの降伏締付け軸力は，式(7)を用い，式中の d_{As} 及び A_s をそれぞれ最弱断面の直径及び断面積に置き換えて求めた値になる。

降伏締付け軸力（JIS B 1083）

式中のトルク係数は，座面の摩擦係数とねじ面の摩擦係数とによって変化します。このトルク係数と摩擦係数とを求める試験が JIS B 1084（締結用部品－締付け試験方法）に規定されています。

JIS B 1084 による試験は，ボルト及びナットからなる組立品に締付けトルクを着実に作用させて，締付け力を発生させ，トルク係数，総合摩擦係数，ねじ面の摩擦係数，座面の摩擦係数，降伏締付け軸力，降伏締付けトルク，締付け回転角及び極限締付け軸力を含む締付け特性値のうちの，一つ以上のものを測定及び／又は決定することで，弾性域においては，トルクと締付け力との間に線形関係が成り立つものとしています。

締付け特性値を得るために必要な測定項目（JIS B 1084）

求めようとする締付け特性値	必要な測定項目					規定箇条
	締付け力 F	締付けトルク T	ねじ部トルク T_{th}	座面トルク T_b	締付け回転角 Θ	
トルク係数，K	○	○	—	—	—	10.1
総合摩擦係数，μ_{tot}	○	○	—	—	—	10.2
ねじ面の摩擦係数，μ_{th}	○	—	○	—	—	10.3
座面の摩擦係数，μ_b	○	—	—	○	—	10.4
降伏締付け軸力，F_y	○	—	—	—	○	10.5
降伏締付けトルク，T_y	—	—	—	—	○	10.6
極限締付け軸力，F_u	○	—	—	—	—	10.7
極限締付けトルク，T_u	○	○	—	—	—	10.8

【解　説】

締付けトルク（T）と締付け力（F）との関係式は，$T = KFd$ で表されます。座面の摩擦係数及びねじ面の摩擦係数に対するトルク係数 K の計算例が JIS B 1083 に示されています。

ねじ面の摩擦係数 μ_{th} 及び座面の摩擦係数 μ_b に対するトルク係数 K の計算例
― 並目ねじ，六角ボルト・ナットの場合 ―（JIS B 1083）

μ_{th} \ μ_b	0.08	0.10	0.12	0.15	0.20	0.25	0.30	0.35	0.40	0.45
0.08	0.115	0.127	0.140	0.159	0.191	0.222	0.254	0.286	0.317	0.349
0.10	0.125	0.138	0.150	0.169	0.201	0.233	0.264	0.296	0.328	0.359
0.12	0.136	0.148	0.161	0.180	0.212	0.243	0.275	0.307	0.338	0.370
0.15	0.151	0.164	0.177	0.196	0.227	0.259	0.291	0.322	0.354	0.386
0.20	0.178	0.190	0.203	0.222	0.254	0.285	0.317	0.349	0.380	0.412
0.25	0.204	0.217	0.229	0.248	0.280	0.312	0.343	0.375	0.407	0.438
0.30	0.230	0.243	0.256	0.275	0.306	0.338	0.370	0.401	0.433	0.465
0.35	0.256	0.269	0.282	0.301	0.332	0.364	0.396	0.427	0.459	0.491
0.40	0.283	0.295	0.308	0.327	0.359	0.390	0.422	0.454	0.485	0.517
0.45	0.309	0.322	0.334	0.353	0.385	0.417	0.448	0.480	0.512	0.543

また，ねじ面の摩擦係数に対する降伏締付け軸力の計算値が示されています。

ねじ面の摩擦係数に対する降伏締付け軸力の計算値
― 並目ねじの場合 ―（JIS B 1083）

ねじの呼び	強度区分	F_y kN ねじ面の摩擦係数 μ_{th}									
		0.08	0.10	0.12	0.15	0.20	0.25	0.30	0.35	0.40	0.45
M3	4.8	1.6	1.5	1.5	1.4	1.3	1.2	1.1	1.1	1.0	0.9
	6.8	2.2	2.2	2.1	2.0	1.9	1.7	1.6	1.5	1.4	1.3
	8.8	3.0	2.9	2.8	2.7	2.5	2.3	2.2	2.0	1.8	1.7
	9.8	3.3	3.3	3.2	3.1	2.8	2.6	2.4	2.2	2.1	1.9
	10.9	4.4	4.3	4.2	4.0	3.7	3.4	3.2	2.9	2.7	2.5
	12.9	5.1	5.0	4.9	4.7	4.3	4.0	3.7	3.4	3.2	2.9
M3.5	4.8	2.1	2.1	2.0	1.9	1.8	1.7	1.5	1.4	1.3	1.2
	6.8	3.0	2.9	2.9	2.7	2.5	2.3	2.2	2.0	1.9	1.7
	8.8	4.0	3.9	3.8	3.6	3.4	3.1	2.9	2.7	2.5	2.3
	9.8	4.5	4.4	4.3	4.1	3.8	3.5	3.2	3.0	2.8	2.6
	10.9	5.9	5.7	5.6	5.4	5.0	4.6	4.2	3.9	3.6	3.4
	12.9	6.9	6.7	6.5	6.3	5.8	5.4	5.0	4.6	4.3	4.0
M4	4.8	2.7	2.7	2.6	2.5	2.3	2.1	2.0	1.8	1.7	1.6
	6.8	3.9	3.8	3.7	3.5	3.3	3.0	2.8	2.6	2.4	2.2
	8.8	5.2	5.0	4.9	4.7	4.4	4.0	3.7	3.4	3.2	3.0
	9.8	5.8	5.7	5.5	5.3	4.9	4.5	4.2	3.9	3.6	3.3

03 ねじの締付け管理について知る

ねじの締付け管理は、JIS B 1083（ねじの締付け通則）に規定されています。

【規定内容】

ねじの締付け管理方法の選択は、個々の締付け方法の特性を十分に理解したうえで設計で指示された初期締付け力のばらつきの許容範囲（締付け係数などで示す）、締付け力の大きさ、締付けの領域などに基づいて行わなければなりません。JIS B 1083（ねじの締付け通則）に代表的なねじの締付け管理方法が示されています。

代表的なねじの締付け管理方法（JIS B 1083）

締付け管理方法	締付け指標	締付けの領域	締付け係数 Q [a]（参考値）
トルク法	締付けトルク	弾性域	1.4～3
回転角法	締付け回転角	弾性域	1.5～3
		塑性域	1.2
トルクこう配法	締付け回転角に対する締付けトルクのこう配	弾性限界	1.2

注[a] 実際の締付け力のばらつきは、それぞれの締付け方法に関与する幾つかの固有な因子によって大きく変化するために、その範囲を厳密に示すことはできない（6.2.1, 6.3.1 及び 6.4.1 参照。）。

【解 説】

ねじの締付け方法には、トルク法、回転角法及びトルクこう配法の3種類があります。

トルク法は、締付け作業時に締付けトルクだけを管理する簡便な管理方法です。しかし、締付けトルクの90%前後はねじ面及び座面の摩擦によって消費されるため、初期締付け力のばらつきは、締付け作業時の摩擦特性の管理の程度によって大きく変化することに注意が必要です。

回転角法は、一般にボルト頭部とナットとの相対締付け回転角を読み取って初期締付け力を管理する方法です。

しかし，締付け回転角に対する締付け軸力の曲線のこう配が急な場合は，軸力が上昇し始めるスナグ点の設定誤差による締付け力のばらつきが大きくなるので，弾性域締付けでは，被締結部材及びボルトの剛性が高い場合に不利になります。

　一方，塑性域締付けでは，初期締付け力のばらつきは，主として締付け時のボルトの降伏締付け軸力に依存し，回転角誤差の影響を受けにくく，そのボルトの能力を最大限に利用できる（より高い締付け力が得られる。）という利点をもっています。しかし，ボルトのねじ部又は円筒部が塑性変形を起こすため，ボルトの延性が小さい場合及びボルトを再使用する場合には注意が必要です。

　トルクこう配法は，締付け回転角に対する締付け軸力及び締付けトルクの関係曲線のこう配を検出して管理する方法です。一般に初期締付け力のばらつきを小さくし，かつ，ボルトの弾性域を最大限に利用しようとする場合に用いられます。

　しかし，初期締付け力の値を管理するためには，塑性域の回転角法の場合と同様，ボルトの降伏点又は耐力について十分な管理を行う必要があります。トルクこう配法は，塑性域の回転角法締付けと比較して，ボルトの延性及び再使用性が問題になることは少ないといえます。

CHAPTER **11**
ねじの試験・検査

01　ねじの寸法検査を知る・・・・・・・・・・・・・・・・・・・192
02　ねじの形状検査を知る・・・・・・・・・・・・・・・・・・・195
03　ねじの表面欠陥検査を知る・・・・・・・・・・・・・・・197
04　機械的及び物理的性質試験を知る・・・・・・・・・・199
05　ねじの疲労破壊試験を知る・・・・・・・・・・・・・・・・202
06　ねじの遅れ破壊試験を知る・・・・・・・・・・・・・・・・204
07　ねじの耐食性試験を知る・・・・・・・・・・・・・・・・・・206
08　受入検査と品質保証を知る・・・・・・・・・・・・・・・・208

01 ねじの寸法検査を知る

ねじの寸法検査は，JIS B 1071（ねじ部品の精度測定方法）などに規定されています。

【規定内容】

ねじの寸法検査は，ねじ部とねじ部以外の部分の寸法を検査するものです。ねじ部の有効径，外径及び内径の寸法を検査する限界ゲージは，JIS B 0251（メートルねじ用限界ゲージ）に規定されています。**ねじ用限界ゲージ**は，ねじ部を測定する通り側及び止まり側のリングゲージとプラグゲージがあり，その形状・寸法，許容差などを規定しています。

ねじ用限界ゲージの種類及びゲージ記号（JIS B 0251）

検査されるねじ	検査される箇所	ねじ用限界ゲージの種類	ゲージ記号 [a]
おねじ	有効径	固定式通り側ねじリングゲージ	GR
		調整式通り側ねじリングゲージ	―
		通り側ねじ挟みゲージ	―
		固定式止り側ねじリングゲージ	NR
		調整式止り側ねじリングゲージ	―
		止り側ねじ挟みゲージ	―
	外径	プレーン通り側リングゲージ	PR [b]
		プレーン通り側挟みゲージ	PC [b]
		プレーン止り側リングゲージ	PR [b]
		プレーン止り側挟みゲージ	PC [b]
めねじ	有効径	通り側ねじプラグゲージ	GP
		止り側ねじプラグゲージ	NP
	内径	プレーン通り側プラグゲージ	PP [b]
		プレーン止り側プラグゲージ	PP [b]

注 [a] ゲージ記号は，ISO 1502 に規定されていないが，使用の便を考え従来から使われている記号を規定する。
[b] 通り側と止り側とが別々になっている場合は，ゲージ記号の後に"通"及び"止"の文字を付ける。
例　PP通，PP止

めねじの有効径及び内径，おねじの有効径及び外径，タッピンねじの外径，谷の径，山頂切取りの幅及びねじ先の形状の測定方法と，寸法公差付き形体の外側寸法及び内側寸法の測定方法，測定器具の例が JIS B 1071（締結用部品－精度測定方法）に規定されています。

ねじ及び寸法公差付き形体の精度測定項目（JIS B 1071）

			測定項目	JIS B 1021 の箇条	測定方法
1 ねじ	1.1 めねじ	a)	有効径	4.1.2	4.1.1 a) による。
		b)	内径		4.1.1 b) による。
	1.2 おねじ	a)	有効径	3.1.2	4.1.2 a) による。
		b)	外径		4.1.2 b) による。
	1.3 タッピンねじ	a)	外径	5.1.1	4.1.3 a) による。
		b)	谷の径		4.1.3 b) による。
		c)	山頂切取りの幅		4.1.3 c) による。
		d)	ねじ先の形状		4.1.3 d) による。
2 寸法公差付き形体	2.1 外側寸法	a)	ねじ部長さ	3.1.4.5	4.2.1 a) による。
		b)	長さ	3.1.4.4, 5.1.3.3	4.2.1 b) による。
		c)	二面幅	3.1.3.1.1, 4.1.3.1, 5.1.2.1.1	4.2.1 c) による。
		d)	対角距離	3.1.3.1.2, 4.1.3.2, 5.1.2.1.2	4.2.1 d) による。
		e)	頭部の高さ	3.1.3.1.3, 3.1.4.2, 5.1.2.1.3, 5.1.3.2	4.2.1 e) による。
		f)	ナットの高さ	4.1.4.1, 4.1.5.1	4.2.1 f) による。
		g)	頭部及びナットの有効高さ	3.1.3.1.4, 4.1.4.2, 4.1.5.1, 5.1.2.1.4	4.2.1 g) による。
		h)	頭部の直径	3.1.4.1, 5.1.3.1	4.2.1 h) による。
		i)	円筒部径	3.1.4.6	4.2.1 i) による。
		j)	座面の径	3.1.4.3, 4.1.4.3	4.2.1 j) による。
		k)	座の高さ	3.1.4.3, 4.1.4.3	4.2.1 k) による。
		l)	首下移行円の径	3.1.4.3	4.2.1 l) による。
		m)	溝付きナットのキャッスル部の径	4.1.5.1	4.2.1 m) による。
		n)	溝付きナットの溝底から座面までの距離		4.2.1 n) による。
	2.2 内側寸法	a)	六角穴の二面幅	3.1.3.2.1	4.2.2 a) による。
		b)	六角穴の対角距離		4.2.2 b) による。
		c)	すりわりの幅	3.1.3.2.2, 5.1.2.2.1	4.2.2 c) による。
		d)	すりわりの側面の傾き		4.2.2 d) による。
		e)	十字穴	3.1.3.2.4, 5.1.2.2.3	4.2.2 e) による。
		f)	ヘクサロビュラ穴	3.1.3.2.5, 5.1.2.2.4	4.2.2 f) による。
		g)	六角穴の深さ	3.1.3.2.3	4.2.2 g) による。
		h)	すりわりの深さ	3.1.3.2.3, 5.1.2.2.2	4.2.2 h) による。
		i)	ナットのねじ部の面取り	4.1.4.3	4.2.2 i) による。
		j)	溝付きナットの溝の幅	4.1.5.1	4.2.2 j) による。

chapter 11　193

【解　説】

ねじの寸法検査は，JIS B 0251（メートルねじ用限界ゲージ）によるゲージによって合否を決定します。ゲージは，許容限界寸法内にある工作物ねじとそうでないものとを区別する手段を提供するものです。工作物ねじの互換性を確保し，製造業者と使用者との間に疑義が生じることを避けるために，次の原則が決められています。

　①　製造業者は，実際のねじ寸法が許容限界寸法外にある，いかなる工作物ねじも出荷してはならない。

　②　使用者は，実際のねじ寸法が許容限界寸法内にある，いかなる工作物ねじも拒否してはならない。

　ゲージは，使用するたびに摩耗していきますので，摩耗限界を超えていないかどうかのゲージの管理が必要です。このゲージを管理するために，プラグゲージの有効径の測定に用いる針3本で1組とするねじ測定用三針及び針4本で1組とするねじ測定用四針について，JIS B 0271（ねじ測定用三針及びねじ測定用四針）で規定されていますので参照してください。

ねじ部以外の寸法検査は，ノギス，マイクロメータなどの寸法測定器具を用いて実測する方法やゲージによる方法がJIS B 1071（締結用部品－精度測定方法）に規定されています。測定方法，測定器具などは一例ですから，他の測定方法や測定器具の使用を禁じているわけではありませんので誤解しないでください。

02 ねじの形状検査を知る

ねじの形状検査は，JIS B 1071（締結用部品－精度測定方法）に規定されています。

【規定内容】

ねじの形状検査については，幾何公差が与えられているおねじ部品の外側形体，内側形体，軸部に対する十字穴の位置度，軸部の真直度，めねじ部品の外側形体，ねじ部に対する六角側面の位置度，ねじ部に対する座面の軸方向全振れなどの測定項目について，その測定方法，測定器具が JIS B 1071（締結用部品－精度測定方法）に規定されています。

幾何公差付き形体の精度測定項目（JIS B 1071）

			測定項目	JIS B 1021 の箇条	測定方法
3 幾何公差付き形体	3.1 おねじ部品	a)	外側形体（締付け部の形体）	3.2.1.1.1, 5.2.1.1	4.3.1 a) による。
		b)	内側形体（締付け部の形体）	3.2.1.1.2	4.3.1 b) による。
		c)	軸部に対する外側形体の位置度	3.2.1.2, 5.2.1.2	4.3.1 c) による。
		d)	軸部に対するすりわりの位置度		4.3.1 d) による。
		e)	軸部に対する十字穴の位置度		4.3.1 e) による。
		f)	軸部に対する内側形体の位置度	3.2.1.2	4.3.1 f) による。
		g)	軸部に対する円形の頭部の位置度	3.2.2.1, 5.2.2.1	4.3.1 g) による。
		h)	ねじ部に対する割りピン穴の位置度	3.2.2.1	4.3.1 h) による。
		i)	ねじ部に対する（半）棒先の位置度		4.3.1 i) による。
		j)	ねじ部に対する円筒部の位置度		4.3.1 j) による。
		k)	軸部の真直度	3.2.2.2, 5.2.2.3	4.3.1 k) による。
		l)	軸部に対する座面の軸方向全振れ	3.2.2.3, 5.2.2.2	4.3.1 l) による。
		m)	軸部に対するねじ先端面の軸方向全振れ	3.2.2.3	4.3.1 m) による。
		n)	ねじ部に対するねじ先円すい面の円周振れ	3.2.2.1	4.3.1 n) による。
		o)	座面の形状からの偏差	3.2.2.4	4.3.1 o) による。
	3.2 めねじ部品	a)	外側形体（締付け部の形体）	4.2.1.1	4.3.2 a) による。
		b)	ねじ部に対する六角側面の位置度	4.2.1.2	4.3.2 b) による。
		c)	ねじ部に対する四角側面の位置度		4.3.2 c) による。
		d)	ねじ部に対する円形外周部の位置度	4.2.2.1	4.3.2 d) による。
		e)	ねじ部に対する割りピン溝の位置度		4.3.2 e) による。
		f)	ねじ部に対する座面の軸方向全振れ	4.2.2.2	4.3.2 f) による。
		g)	座面の形状からの偏差	4.2.2.3	4.3.2 g) による。

chapter 11

一例として，軸部に対する外側形体の位置度の測定項目，測定方法，測定器具を示します。

軸部に対する外側形体の位置度（JIS B 1071）

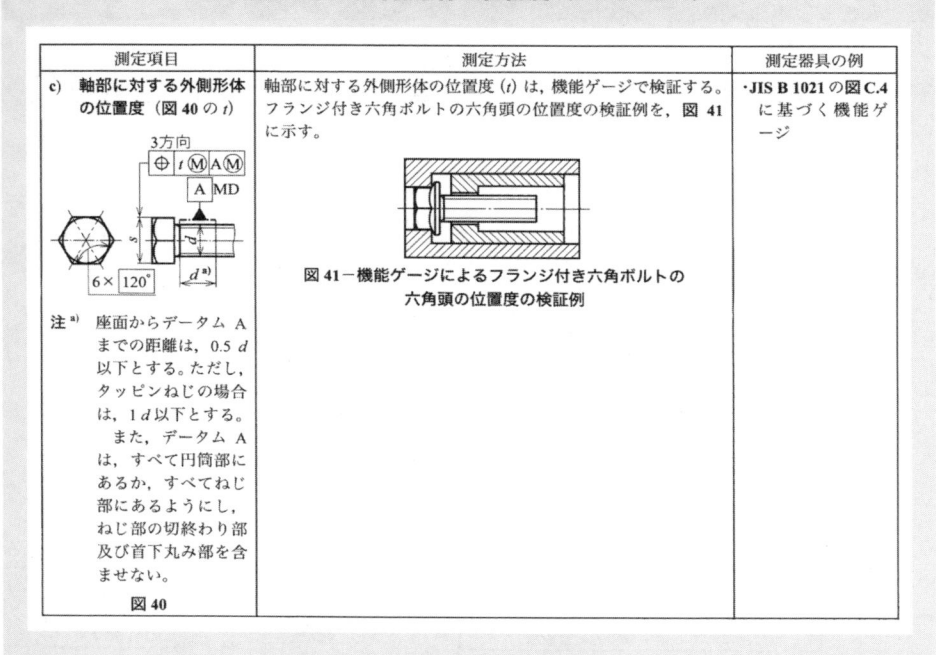

測定項目	測定方法	測定器具の例
c) 軸部に対する外側形体の位置度（図40のt） 注$^{a)}$ 座面からデータムAまでの距離は，0.5d以下とする。ただし，タッピンねじの場合は，1d以下とする。 また，データムAは，すべて円筒部にあるか，すべてねじ部にあるようにし，ねじ部の切終わり部及び首下丸み部を含ませない。 図40	軸部に対する外側形体の位置度（t）は，機能ゲージで検証する。フランジ付き六角ボルトの六角頭の位置度の検証例を，図41に示す。 図41－機能ゲージによるフランジ付き六角ボルトの六角頭の位置度の検証例	・JIS B 1021の図C.4に基づく機能ゲージ

【解説】

幾何公差付き形体の測定は，最大実体公差方式が適用されている場合，ゲージを用いて位置度，真直度などを測定するため，特定の分野では行われていますが，一般的に行われるまでには至っておりません。

今後，JIS B 1021（締結用部品の公差－第1部：ボルト，ねじ，植込みボルト及びナット－部品等級A，B及びC）の適用が増えること，製造するねじ部品に幾何公差を指示した図面が増えることによって，幾何形状に対する検証が必要となり，一般化することが予想されます。

03 ねじの表面欠陥検査を知る

ねじの表面欠陥検査は，JIS B 1041（締結用部品－表面欠陥 第1部）などに規定されています。

【規定内容】

ねじの表面欠陥には，割れ，裂けきず，すじきず，重なり，くぼみ，しわ，工具きず，損傷などがあります。

ねじ部品規格に規定がない場合，又は受渡当事者間の協定がない場合に，適用する一般要求の**おねじ部品の表面欠陥**に対する許容限界がJIS B 1041（締結用部品―表面欠陥 第1部 一般要求のボルト，ねじ及び植込みボルト）に規定されています。なお，特殊要求（例えば，自動組付け用）のおねじ部品の表面欠陥については，JIS B 1043（締結用部品―表面欠陥 第3部 特殊要求のボルト，ねじ及び植込みボルト）に規定されています。

ボルトの焼割れ（JIS B 1041）

原因	焼割れは，過度の熱応力及び変態応力によって焼入れ時に発生する。焼割れは，通常，ねじ部品の表面を，不規則な経路で進行する。
外観	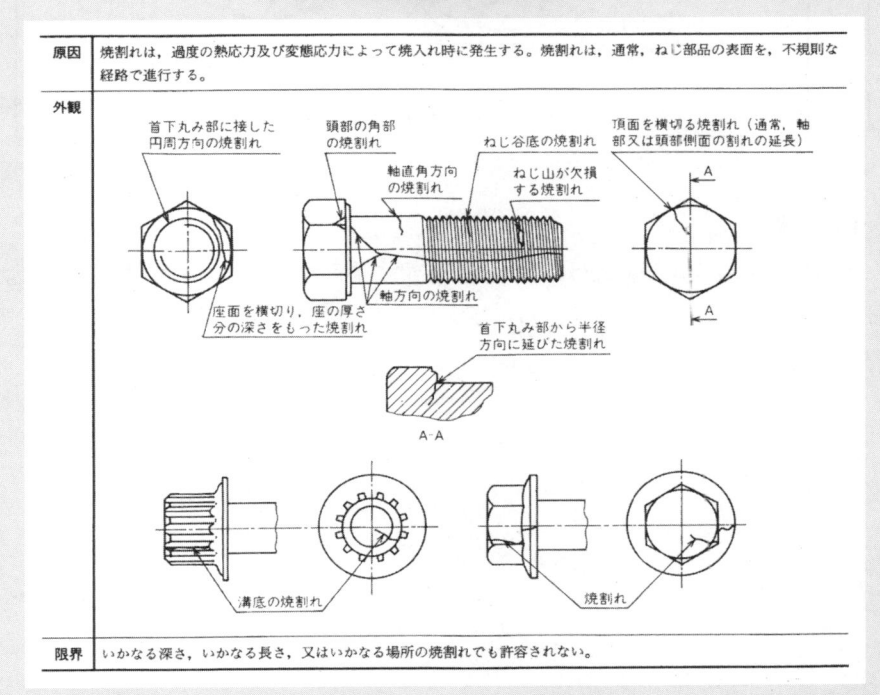 （図：首下丸み部に接した円周方向の焼割れ，頭部の角部の焼割れ，ねじ谷底の焼割れ，頂面を横切る焼割れ（通常，軸部又は頭部側面の割れの延長），軸直角方向の焼割れ，ねじ山が欠損する焼割れ，座面を横切り，座の厚さ分の深さをもった焼割れ，軸方向の焼割れ，首下丸み部から半径方向に延びた焼割れ，溝底の焼割れ，焼割れ）
限界	いかなる深さ，いかなる長さ，又はいかなる場所の焼割れでも許容されない。

chapter 11 ● 197

ねじ部品規格に規定がない場合，又は受渡当事者間の協定がない場合に，適用する**ナットの表面欠陥**に対する許容限界については，JIS B 1042（締結用部品－表面欠陥　第2部：ナット）に規定されています。

ナットの焼割れ（JIS B 1042）

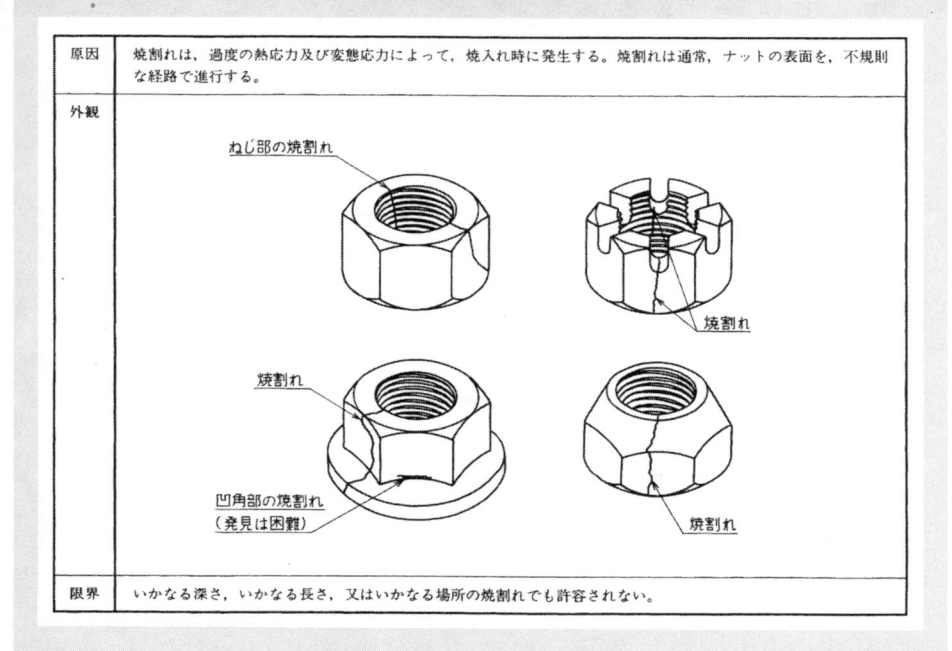

原因	焼割れは，過度の熱応力及び変態応力によって，焼入れ時に発生する。焼割れは通常，ナットの表面を，不規則な経路で進行する。
外観	（図）
限界	いかなる深さ，いかなる長さ，又はいかなる場所の焼割れでも許容されない。

（図中の表記）
- ねじ部の焼割れ
- 焼割れ
- 凹角部の焼割れ（発見は困難）
- 焼割れ

【解　説】

ねじ部品の表面欠陥検査は，受渡当事者間で表面欠陥の受容の基準が感性的な要求となります。したがって，しばしばトラブルの元になることが多いのが判定基準です。

04 機械的及び物理的性質試験を知る

機械的及び物理的性質試験は，JIS B 1052-2（締結用部品の機械的性質－第2部）などに規定されています。

【規定内容】

ねじ部品の機械的及び物理的性質の試験には，引張試験，硬さ試験，衝撃試験，ねじり試験，保証荷重試験，くさび引張試験，頭部打撃試験，脱炭試験などがありますが，ここでは，ボルトの引張試験及びナットの保証荷重試験に絞って説明します。

JIS B 1051（炭素鋼及び合金鋼製締結用部品の機械的性質－第1部：ボルト，ねじ及び植込みボルト）の製品の状態で行う引張試験は，**引張強さ**を求めるための試験です。

この試験は，規定の最小引張荷重を負荷して行う。破壊はボルトの円筒部又は遊びねじ部で生じてもよいのですが，頭部と円筒部との付け根で生じなければ合格とする試験です。

JIS B 1052-2（締結用部品の機械的性質－第2部：保証荷重値規定ナット－並目ねじ）の**保証荷重試験**は，次ページに示す図のように試験用マンドレルにナットをはめ合わせて行います。

この試験は，保証荷重がナットに対して軸方向に働くように装着して，規定の保証荷重値を15秒間負荷します。

そのとき，ナットのねじ山がせん断破壊したり，ナットが破断してはならず，さらに，試験荷重を取り除いた後，ナットを指の力で試験用マンドレルから取り外すことができなければならないとする試験です。

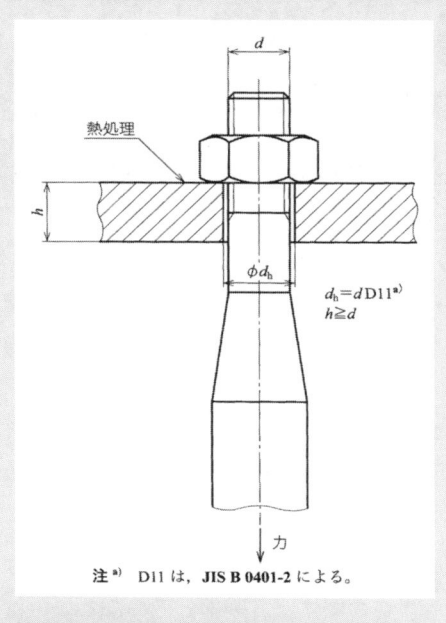

注 a) D11 は，**JIS B 0401-2** による。

軸方向引張りによる試験（JIS B 1052-2）

$d_h = d\,D11^{a)}$
$h \geqq d$

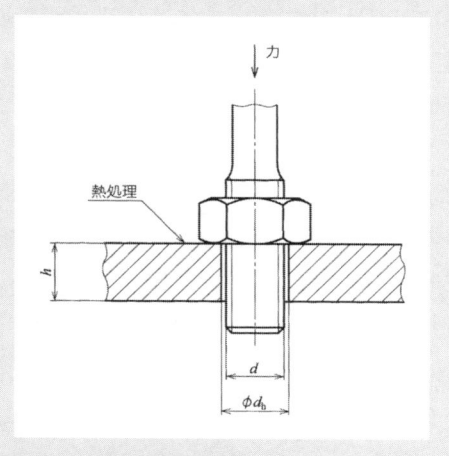

軸方向圧縮による試験（JIS B 1052-2）

【解 説】

ねじ部品の機械的及び物理的性質の試験は，ボルト，ナット，タッピンねじ，止めねじ，ステンレス鋼製締結用部品，非鉄金属製ねじ部品などの機械的性質が，それぞれの JIS に規定されていますので参照してください。

JIS B 1051	炭素鋼及び合金鋼製締結用部品の機械的性質－第1部：ボルト，ねじ及び植込みボルト
JIS B 1052-2	締結用部品の機械的性質－第2部：保証荷重値規定ナット－並目ねじ
JIS B 1052-6	締結用部品の機械的性質－第6部：保証荷重値規定ナット－細目ねじ
JIS B 1053	炭素鋼及び合金鋼製締結用部品の機械的性質－第5部：引張力を受けない止めねじ及び類似のねじ部品
JIS B 1054-1	耐食ステンレス鋼製締結用部品の機械的性質－第1部：ボルト，ねじ及び植込みボルト
JIS B 1054-2	耐食ステンレス鋼製締結用部品の機械的性質－第2部：ナット
JIS B 1054-3	耐食ステンレス鋼製締結用部品の機械的性質－第3部：引張力を受けない止めねじ及び類似のねじ部品
JIS B 1054-4	耐食ステンレス鋼製締結用部品の機械的性質－第4部：タッピンねじ
JIS B 1055	タッピンねじ－機械的性質
JIS B 1057	非鉄金属性ねじ部品の機械的性質
JIS B 1058	締結用部品の機械的性質　第7部：呼び径1～10 mm のボルト及びねじのねじり強さ試験及び最小破壊トルク
JIS B 1059	タッピンねじのねじ山をもつドリルねじ－機械的性質及び性能
JIS B 1085	ナットの円すい形保証荷重試験
JIS B 1087	ブラインドリベット－機械的試験

05 ねじの疲労破壊試験を知る

ねじの疲労破壊試験は，JIS B 1081（ねじ部品－引張疲労試験－試験方法及び結果の評価）に規定されています。

【規定内容】

ねじ部品の引張疲労試験を実施するための条件及び結果の評価のための推奨事項がJIS B 1081（ねじ部品－引張疲労試験－試験方法及び結果の評価）に規定されています。試験は，部分片振り（引張り）の形式で，室温で実施され，作用する負荷はねじ部品の軸線と同軸です。

被締結部材のコンプライアンスがねじ部品のひずみに及ぼす影響は考慮に入れないとしています。試験は，ねじ部品について**S－N曲線（ウェーラ曲線）**によって示されるような疲労特性を決定するために行われます。

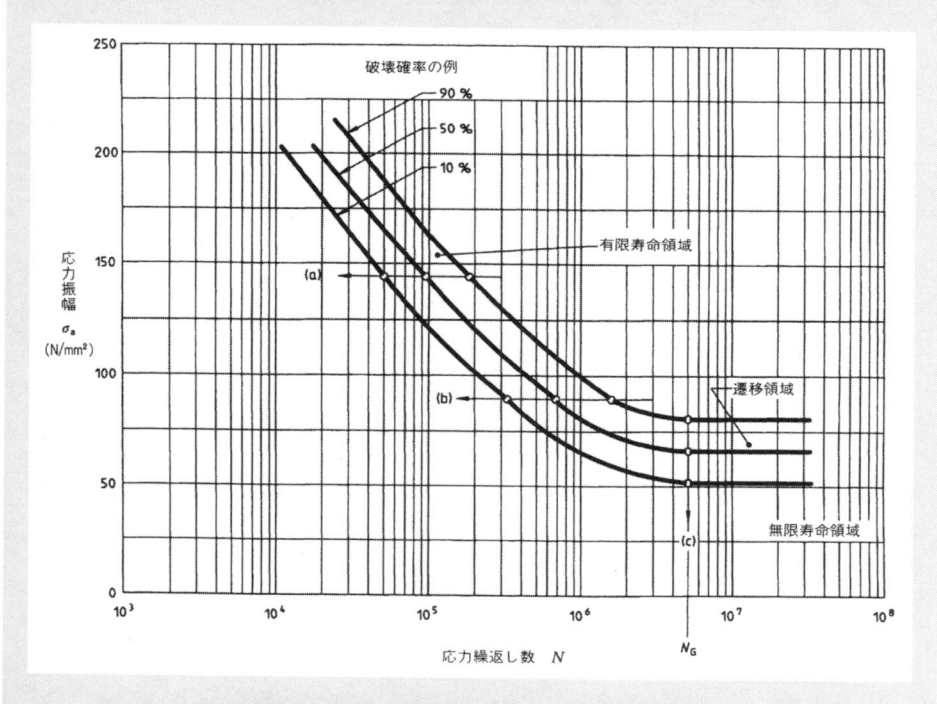

S－N曲線（**ウェーラ曲線**）σ $a=f(N)$ （JIS B 1081）

【解　説】

　ねじ締結体の強度設計において，ねじ部品の疲労強度は重要な因子の一つであり，この疲労強度に関するデータを蓄積するうえで，疲労試験方法の標準化は重要な意義をもちます。

　各種の条件下における疲労試験と統計的手法を適用した試験結果の評価がJIS B 1081（ねじ部品－引張疲労試験－試験方法及び結果の評価）に規定されています。疲労試験は，特別の試験機が必要で，時間のかかるものです。得られたデータの解析処理も容易なことではなく，難しい試験の一つといえます。

▼One Point Column　統計的手法による疲労試験

　ISO規格に引張疲労試験方法規格の原案を提出したときの話です。さまざまな調査研究を経て提出した日本の原案とドイツが提案した原案との優劣を決するせめぎ合いがあった模様でした。

　最終結論は，日本とドイツの両案を合体した国際規格が制定されました。日本の積極的な主張は，統計的手法を疲労試験に反映させることでした。

　難しい試験の国際規格化に貢献した当時の関係者の努力によって，日本の技術力を世界に示すことができたのです。

─── One Point Column ◢

06 ねじの遅れ破壊試験を知る

遅れ破壊試験は，JIS B 1045（水素ぜい化検出のための予荷重試験－平行座面による方法）に規定されています。

【規定内容】

水素ぜい化検出のための予荷重試験は，**水素ぜい化**の発生を検出するために，締結用部品で試験装置を締め付けることによって，締結用部品に降伏点又は破壊トルクの範囲で応力を与え，さらににその応力を48時間以上保持します。

ねじの遅れ破壊試験は，24時間ごとに締結用部品を初期応力又は初期トルクまで再締結し，同時に水素ぜい化による破損が起きていないかどうかを確認する試験です。

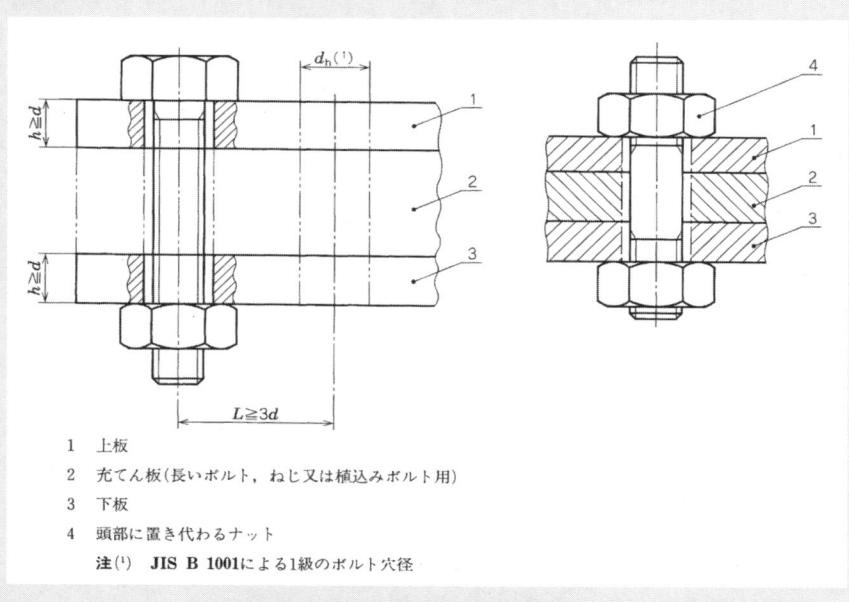

1　上板
2　充てん板(長いボルト，ねじ又は植込みボルト用)
3　下板
4　頭部に置き代わるナット
　　注(^{1})　JIS B 1001による1級のボルト穴径

ボルト，ねじ及び植込みボルト用の試験装置（JIS B 1045）

【解　説】
　この試験は，受入試験として意図されたものではなく，工程内管理に適したものであり，製造工程のいかなる段階の後に実施してもよいといえます。この試験は，処理条件又は操作技術における間違いや変化の評価に有効です。
　また，締結用部品中の拡散性水素を減少させるための，めっき前及びめっき後の処理（ベーキング）を含むいろいろな加工段階の効果を判断することもできます。
　水素原子が鋼に侵入すると，合金鋼の降伏点どころか通常の設計強度よりも十分に低い応力が負荷されたときに，延性や荷重負荷能力の損失，き裂（通常は，顕微鏡でも見えないくらいの割れとして）又は破滅的なぜい性破壊を引き起こします。
　この現象は，一般的な引張試験によって測定したときに，ほとんど延性の損失を示さない合金鋼において起こり，それはまた，よく水素誘発形遅れぜい性破壊，水素応力き裂又は水素ぜい化と呼ばれます。
　水素は，熱処理，ガス浸炭，洗浄，酸洗い，りん酸処理，電気めっき処理の間，及び結果として陰極保護又は腐食反応を生じる使用環境において侵入することがあります。
　水素は，また，製造中に侵入するかもしれません。冷却剤や潤滑剤の分解によって転造加工，機械加工及びドリル加工の間にも侵入することがあります。

▶**One Point Column　打痕きず**

　ねじの製造工場の見学でよく目にするのは，打痕の撲滅改善策です。
　大量に，かつ短時間で生産されるねじは，次から次へと加工を終えて機械から送られてくることから，仕上がったねじ同士がぶつかりあって打痕きずが絶えないからです。

———— One Point Column ◢

07 ねじの耐食性試験を知る

ねじの耐食性試験は，JIS B 1044（**締結用部品－電気めっき**）などに規定されています。

【規定内容】

ねじの耐食性を高めるために各種の表面処理が施され，表面処理による皮膜の耐食性を確保するため，各種の**耐食性試験**が行われます。

JIS B 1044（締結用部品－電気めっき）では，
① クロメート処理された亜鉛及びカドミニウム皮膜の塩水噴霧耐食性能
② ニッケル及びニッケル／クロム皮膜の塩水噴霧耐食性能

の情報が示されています。

クロメート処理の呼び方（JIS B 1044）

クラス	呼び方	タイプ	タイプの外観	耐食性能
1	A	透明	時々うす青気味で無色，透明	わずかな耐食性，例えば，搬送中のさび防止又は程度の低い腐食環境に対する耐食性．
1	B	白色	わずかなにじ色で透明	
2	C	にじ色	黄金色のにじ色	かなりの耐食性，ある種の有機の気体に対する耐食性を含む．
2	D	無光沢	褐色のオリーブグリーン又は青銅色	
	Bk(5)	黒色	わずかにじ色の黒色	いろいろな程度の耐食性能

注(5) 黒色皮膜は，タイプAからDに加えて可能である．
備考　この表は，黒色処理を追加してISO 4520：1981を修正したものである．

JIS B 1046（締結用部品－非電解処理による亜鉛フレーク皮膜）は，亜鉛フレーク皮膜の耐食性試験として，ISO 9277:1990（Corrosion test in artficial atmospheres - Salt spray tests）［JIS Z 2371（塩水噴霧試験方法）に相当］による中性塩水噴霧試験を用いて，次に示す時間での中性塩水噴霧試験後に，生地金属が腐食することによって生じる目視できる赤さびの許容を認めていません．

ニッケル及びクロム皮膜の塩水噴霧耐食性能 (JIS B 1044)

皮膜に対する呼び方のコード[8] [システムB[7]]				重要な表面上の赤さびの発生	
銅又は銅合金素地		鉄系素地		中性塩水噴霧試験 (NSS)[10]	キャス試験 (CASS)
ニッケル[8]	ニッケル+ クロム[8],[9]	ニッケル[8]	ニッケル+クロム 又は銅+ニッケル +クロム[8],[9]		
Cu/Ni 3 b	Cu/Ni 3 b Cr r	Fe/Ni 5 b	Fe/Ni 5 b Cr	—	—[11]
Cu/Ni 5 b	Cu/Ni 5 b Cr r	Fe/Ni 10 b	Fe/Ni 10 b Cr Fe/Cu 10 Ni 5 b Cr r	12 h	—[11]
Cu/Ni 10 b	Cu/Ni 10 b Cr r	Fe/Ni 20 b	Fe/Ni 20 b Cr Fe/Cu 20 Ni 10 b Cr r	48 h	—[11]
Cu/Ni 20 b	Cu/Ni 20 b Cr r	Fe/Ni 30 b	Fe/Ni 30 b Cr	—	8 h
推奨できない	Cu/Ni 30 d Cr r	推奨できない	Fe/Ni 40 d Cr	—	16 h

注[6] ニッケル皮膜に対しては，**ISO 1456**：1988 の種別コードを参照。
[7] 呼び方のコードシステムは，**13.**参照。
[8] "b"は，光沢ニッケルを示し，"d"はダブルニッケルを示す。
[9] "r"は，普通(通常)最小厚さ 0.3 µmのクロムを示す。
[10] 中性塩水噴霧試験は，Ni/Crに対しては通常規定しない。
[11] 低皮膜グレードに対するCASS試験の性能時間は，短すぎて意味がない。

試験時間－中性塩水噴霧試験 (JIS B 1046)

試験時間 h	最小局部皮膜厚さ [購入者仕様の場合[3]]	
	クロム酸塩を含む皮膜 (flZnyc) µm	クロム酸塩を含まない皮膜 (flZnnc) µm
240	4	6
480	5	8
720	8	10
960	9	12

注[3] 購入者は，クロム酸塩を含む皮膜 (flZnyc) 又は含まない皮膜 (flZnnc) のどちらか希望するものを指定するのがよい。さもなければ，記号 flZn で指定するのが適切である (**9.**参照)。
備考　購入者によって単位面積当たりの皮膜質量 (g/m^2) として指定されている場合には，次に示す厚さに換算できる。
　— クロム酸塩を含む皮膜の場合：$4.5\ g/m^2$ は，1 µm の厚さに対応する。
　— クロム酸塩を含まない皮膜の場合：$3.8\ g/m^2$ は，1 µm の厚さに対応する。

【解　説】

耐食性試験は，各種条件下でさまざまな試験方法が用いられています。使用用途に応じた腐食環境を模擬する促進試験は，試験結果を単純比較することが難しくなります。耐食性能を比較する場合は，同一条件下で試験した結果を用いることになります。

08 受入検査と品質保証を知る

受入検査と品質保証は，JIS B 1091（締結用部品－受入検査）などに規定されています。

【規定内容】

購入者が受入れ時に製品を検査する**受入検査**と，製造業者及び販売業者が製品の品質を保証するための工程検査，最終検査，出荷検査などがあります。

購入者が**受入検査時に実施すべき手順**が JIS B 1091（締結用部品－受入検査）に規定されています。受入検査のための推奨手順の例を次に示します。

受入検査のための推奨手順―寸法特性に対する例（JIS B 1091）

方法1（手順1）

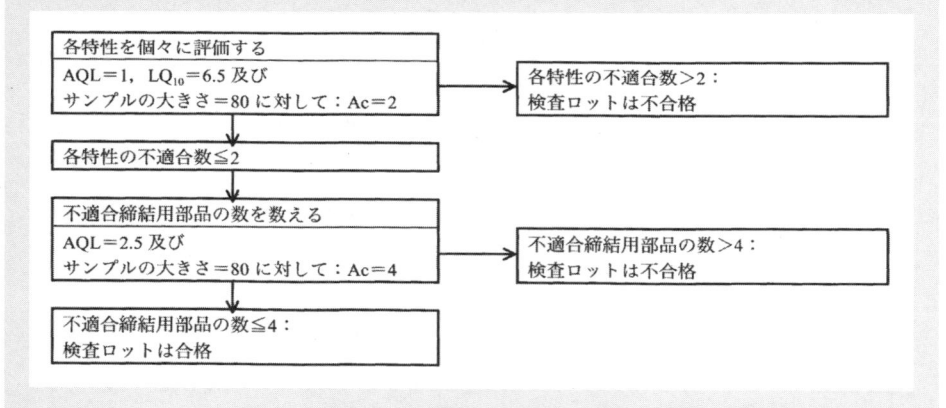

```
各特性を個々に評価する
AQL＝1，LQ₁₀＝6.5 及び            →  各特性の不適合数＞2：
サンプルの大きさ＝80 に対して：Ac＝2      検査ロットは不合格
        ↓
各特性の不適合数≦2
        ↓
不適合締結用部品の数を数える
AQL＝2.5 及び                    →  不適合締結用部品の数＞4：
サンプルの大きさ＝80 に対して：Ac＝4      検査ロットは不合格
        ↓
不適合締結用部品の数≦4：
検査ロットは合格
```

製造業者及び販売業者が対処する，締結用部品の**品質保証システム**に関する要求事項については，JIS B 1092（締結用部品－品質保証システム）に規定されています。指定された特性をゼロ欠陥に近づける目的で，不適合品の製造を減らし，又は予防することを目指しています。

受入検査のための推奨手順―寸法特性に対する例（JIS B 1091）

方法2（手順2）

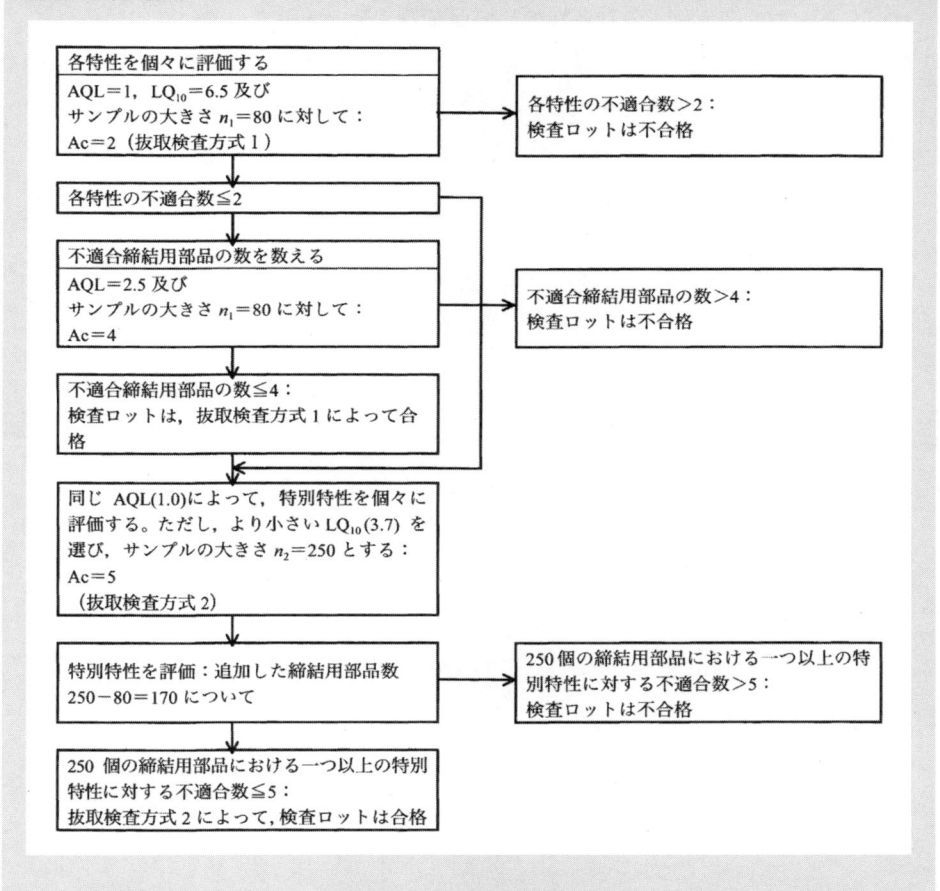

```
各特性を個々に評価する
AQL＝1，LQ₁₀＝6.5 及び
サンプルの大きさ n₁＝80 に対して：     ──→  各特性の不適合数＞2：
Ac＝2（抜取検査方式1）                      検査ロットは不合格
        ↓
各特性の不適合数≦2
        ↓
不適合締結用部品の数を数える
AQL＝2.5 及び
サンプルの大きさ n₁＝80 に対して：     ──→  不適合締結用部品の数＞4：
Ac＝4                                       検査ロットは不合格
        ↓
不適合締結用部品の数≦4：
検査ロットは，抜取検査方式1によって合格
        ↓
同じ AQL(1.0)によって，特別特性を個々に
評価する。ただし，より小さい LQ₁₀(3.7) を
選び，サンプルの大きさ n₂＝250 とする：
Ac＝5
  （抜取検査方式2）
        ↓
特別特性を評価：追加した締結用部品数     ──→  250個の締結用部品における一つ以上の特
250－80＝170 について                        別特性に対する不適合数＞5：
                                            検査ロットは不合格
        ↓
250個の締結用部品における一つ以上の特別
特性に対する不適合数≦5：
抜取検査方式2によって，検査ロットは合格
```

【解　説】

　購入者が行う受入検査は，緩やかな要求もあれば，厳しい要求もあってさまざまな受入検査が採られているのが実情です。例えば，何万個，何億個というねじ部品を納入するのであるから，たった1本の不良品も許さないとしたら，その工程管理には莫大な費用が投入され，経済合理性に合わないことが誰でもわかります。

　そのために統計的品質管理という手法が用いられるのです。JIS B 1091は，受入側が**合格品質水準**（AQL）の値を合理的に設定するための手順を示しています。

　JIS B 1091（締結用部品－受入検査）を顧客が用いる検出システムの規格と

すれば，JIS B 1092（締結用部品－品質保証システム）は，製造業者が用いる品質保証システムの規格といえます。

　もちろん製造業者は，各社各様の品質保証システムを確立していますから，この規格の要求どおりでなければならないことはありません。しかし，一般的な品質保証システムの要求事項を決めているわけですから，逸脱して困るような規定にはなっておりません。

索引

【あ】

- アイナット ・・・・・・・・・・・・・・・・・・ 88, 108
  - ——の形状 ・・・・・・・・・・・・・・・・・・ 109
- アイボルト ・・・・・・・・・・・・・・・・・・・・・ 86
- 亜鉛フレーク皮膜処理 ・・・・・・・・・・・・・ 34
- 穴付きボルト ・・・・・・・・・・・・・・・・・・・・ 76
- アンカーボルト ・・・・・・・・・・・・・・・・・ 156
  - ——セット ・・・・・・・・・・・・・・ 148, 156
  - ——セットの構成 ・・・・・・・・・・・・・ 148
  - ——セットの種類 ・・・・・・・・・・・・・ 156

【い】

- 一条ねじの呼び方 ・・・・・・・・・・・・・・・・・ 20
- 位置度 ・・・・・・・・・・・・・・・・・・・・・・・・ 196
  - ——公差 ・・・・・・・・・・・・・・・・・・・・・ 25

【う】

- ウェーラ曲線 ・・・・・・・・・・・・・・・・・・・ 202
- 植込みボルト ・・・・・・・・・・・・・・・・・・・・ 82
  - ——の機械的及び物理的性質 ・・・・・・・ 29
  - ——の強度区分 ・・・・・・・・・・・・・・・・ 31
- 受入検査 ・・・・・・・・・・・・・・・・・・・・・・ 208
  - ——時に実施すべき手順 ・・・・・・・・・ 208
  - ——のための推奨手順 ・・・・・・・・・・・ 208

【え】

- 円筒部をもつおねじ部品 ・・・・・・・・・・・・ 62

【お】

- 黄銅組み小ねじの種類 ・・・・・・・・・・・・・ 126
- 遅れ破壊試験 ・・・・・・・・・・・・・・・・・・・ 204
- 押込みばね板ナット ・・・・・・・・・・・・・・ 110
  - ——角形の形状 ・・・・・・・・・・・・・・・ 111
  - ——丸形の形状 ・・・・・・・・・・・・・・・ 111
- おねじ部品
  - ——の強度 ・・・・・・・・・・・・・・・・・・・ 28
  - ——のねじ先 ・・・・・・・・・・・・・・・・・ 58
  - ——の表面欠陥 ・・・・・・・・・・・・・・・ 197

【か】

- 回転角法 ・・・・・・・・・・・・・・・・・・ 185, 189
  - ——締付け ・・・・・・・・・・・・・・ 182, 184

【き】

- 機械製図 ・・・・・・・・・・・・・・・・・・・・・・・ 41
- 機械的性質の試験 ・・・・・・・・・・・・ 199, 201
- 幾何公差 ・・・・・・・・・・・・・・・・・・・・ 24, 25
  - ——付き形体の測定 ・・・・・・・・・・・・ 196
- 幾何偏差 ・・・・・・・・・・・・・・・・・・・・・・・ 24
- 基準寸法 ・・・・・・・・・・・・・・・・・・・・・・・ 16
  - ——の算出に用いる公式 ・・・・・・・・・・ 51
- 基準山形
  - ——の形状 ・・・・・・・・・・・・・・・・・・・ 10
  - ——の寸法 ・・・・・・・・・・・・・・・・ 10, 11
- 基礎ボルト ・・・・・・・・・・・・・・・・・・・・・ 84
  - ——L形の形状・寸法 ・・・・・・・・・・・・ 84
- 強度区分に対する呼び方 ・・・・・・・・・・・・ 31
- 許容限界寸法 ・・・・・・・・・・・・・・・・・・・・ 17

【く】

- 管用テーパねじ ・・・・・・・・・・・・・・・・・・ 44
- 管用平行ねじ ・・・・・・・・・・・・・・・・・・・・ 44
  - ——の基準寸法 ・・・・・・・・・・・・・・・・ 45
  - ——の基準山形 ・・・・・・・・・・・・・・・・ 45
- クロム皮膜の塩水噴霧耐食性能 ・・・・・・・ 207
- クロメート処理の呼び方 ・・・・・・・・・・・ 206

【け】

- 建築用
  - ——ターンバックル ・・・・・・・・・・・・ 146

──ターンバックル胴・・・・・・・・・147
──ターンバックル胴の性能・・・・・・152
──ターンバックルの性能・・・・・・・150
──ねじ・・・・・・・・・・・・・・・・・146
──ねじの種類・・・・・・・・・・・・・146

【こ】

合格品質水準・・・・・・・・・・・・・・・209
公差域クラス・・・・・・・・・・・・・17, 23
公差位置・・・・・・・・・・・・・・・18, 23
公差グレード・・・・・・・・・・・・・・・23
公差方式・・・・・・・・・・・・・・・・・17
鋼製ナットの機械的性質・・・・・・・・・97
構造体用ねじの寸法許容差・・・・・・・・23
降伏締付け軸力・・・・・・・・・・・・・187
高力ボルト・・・・・・・・・・・・・・・153
──試験片の機械的性質・・・・・・・153
──製品の機械的性質・・・・・・・・153
──のセット・・・・・・・・・・・・148
コーチねじ・・・・・・・・・・・・・・・134
小形六角ナット
──・上・・・・・・・・・・・・・・・93
──・中・・・・・・・・・・・・・・・93
小形六角袋ナットの形状・・・・・・・・・99
小ねじ
──の強度・・・・・・・・・・・・・129
──の種類・・・・・・・・・・・・・124
──の寸法・・・・・・・・・・・・・127

【さ】

座金・・・・・・・・・・・・・・・・・・158
──組込み十字穴付き小ねじ・・・・・125
──組込みタッピンねじ用平座金・・・161
──組込みねじ用平座金・・・・・・・161
──の種類・・・・・・・・・・・・・159
先割りテーパピン・・・・・・・・・・・169

──の硬さ・・・・・・・・・・・・・176
──の形状・寸法・・・・・・・・・・169
座面の摩擦係数に対するトルク係数の
計算例・・・・・・・・・・・・・・・188
皿頭ねじ・・・・・・・・・・・・・・・・57
皿ばね座金・・・・・・・・・・・・・・159
──の形状・・・・・・・・・・・・・159
皿ボルト・・・・・・・・・・・・・・・・76

【し】

四角止めねじ・・・・・・・・・・・・・136
四角ナット・・・・・・・・・・・・・・108
──の形状・・・・・・・・・・・・・108
四角ボルト・・・・・・・・・・・・・・・86
軸方向
──圧縮による試験・・・・・・・・・200
──引張りによる試験・・・・・・・・200
締付け
──回転角と締付け軸力との関係・・・184
──回転角と締付け力との関係・・・・186
──回転角に対する締付け軸力の関係 185
──回転角に対する締付けトルクの関係 185
──特性値・・・・・・・・・・・・・187
──トルクと締付け軸力との関係・・・184
──トルクと締付け力との関係・・・・186
十字穴・・・・・・・・・・・・・・・・・56
──付き小ねじ・・・・・・・・・・・・54
──付き小ねじの品質・・・・・・・・130
──付きタッピンねじ・・・・・・・・・54
──付きなべ小ねじの形状・・・・・・・54
──付き丸木ねじの形状・寸法・・・・132
──付き木ねじ・・・・・・・・・・・・54

【す】

水素ぜい化・・・・・・・・・・・・35, 204
スタッド・・・・・・・・・・・・・・・・83

スナップピン ・・・・・・・・・・・・・・・ 174, 176
スプリングピン ・・・・・・・・・・・・・・ 175, 176
　　――の種類 ・・・・・・・・・・・・・・・・・ 175
すりわり付き
　　――小ねじ ・・・・・・・・・・・・・・・・ 124
　　――小ねじの品質 ・・・・・・・・・・・ 129
　　――止めねじ ・・・・・・・・・・・ 54, 136
　　――止めねじ（平先）の形状 ・・・・・・ 136
　　――止めねじ（平先）の寸法 ・・・・・・ 137
　　――なべ小ねじの形状・寸法 ・・・・・ 127
　　――丸皿木ねじの形状・寸法 ・・・・・ 133
寸法許容差 ・・・・・・・・・・・・・ 17, 19, 23

【せ】

精度測定項目 ・・・・・・・・・・・・・・・・・ 193
精密機器用すりわり付き小ねじ ・・・・・・・ 125
セミチューブラリベット ・・・・・・・・・・・ 180
　　――の形状 ・・・・・・・・・・・・・・・・ 180
全金属製
　　――フランジ付き六角ナット ・・・・・・ 104
　　――六角ナット ・・・・・・・・・・・・・ 104
全体系 ・・・・・・・・・・・・・・・・・・・・・ 15
全ねじのおねじ部品 ・・・・・・・・・・・・・ 62

【そ】

外側形体の位置度 ・・・・・・・・・・・・・・ 196

【た】

ターンバックル ・・・・・・・・・・・・・・・ 150
　　――胴 ・・・・・・・・・・・・・・・・・・ 150
　　――の形状 ・・・・・・・・・・・・・・・ 146
　　――ボルト ・・・・・・・・・・・・・・・ 150
台形ねじの分類 ・・・・・・・・・・・・・・・・ 52
耐食性試験 ・・・・・・・・・・・・・・・・・ 206
ダウエルピン ・・・・・・・・・・・・・・・・ 171
　　――の硬さ ・・・・・・・・・・・・・・・ 176

　　――の形状・寸法 ・・・・・・・・・・・ 171
タッピンねじ ・・・・・・・・・・・・・・・・ 114
　　――の硬さ ・・・・・・・・・・・・・・・ 119
　　――の強度 ・・・・・・・・・・・・・・・ 118
　　――の硬化層深さ ・・・・・・・・・・・ 118
　　――の種類 ・・・・・・・・・・・・・・・ 114
　　――の浸炭硬化層深さ ・・・・・・・・・ 119
　　――の寸法 ・・・・・・・・・・・・・・・ 116
　　――のねじ先 ・・・・・・・・・・・ 59, 114
　　――のねじり強さ ・・・・・・・・・・・ 118
　　――ねじりトルク ・・・・・・・・・・・ 119
タッピンねじ部
　　――1種の形状 ・・・・・・・・・・・・・ 114
　　――1種の寸法 ・・・・・・・・・・・・・ 116
　　――2種及び4種の形状 ・・・・・・・・ 115
　　――3種の形状 ・・・・・・・・・・・・・ 115

【ち】

中性塩水噴霧試験 ・・・・・・・・・・・・・・ 207
ちょうナット ・・・・・・・・・・・・・・・・・ 88
　　――1種の形状・寸法 ・・・・・・・・・ 106
ちょうボルト ・・・・・・・・・・・・・・・・・ 86

【て】

締結用部品の呼び方 ・・・・・・・・・・・・・ 38
データム ・・・・・・・・・・・・・・・・・・・ 24
テーパピン ・・・・・・・・・・・・・・・・・ 168
　　――の硬さ ・・・・・・・・・・・・・・・ 175
　　――の形状・寸法 ・・・・・・・・・・・ 168
電気めっき ・・・・・・・・・・・・・・・・・・ 33

【と】

止めねじ ・・・・・・・・・・・・・・・ 136, 142
　　――の硬さ ・・・・・・・・・・・・・・・ 143
　　――（引張力を受けない）の機械的
　　　性質 ・・・・・・・・・・・・・・・・・ 142

──の強度 ･････････････････ 142
　　──（引張力を受けない）の強度区
　　分記号 ････････････････････ 142
　　──の形状・寸法 ････････････ 137
　　──の種類 ･･････････････････ 136
　　──のビッカース硬さに対する強度
　　区分の呼び方 ･･････････････ 143
ドリルねじ ･･････････････････････ 120
　　──・つば付き六角の形状・寸法 ･･･ 121
　　──の硬化層深さ ････････････ 120
　　──の最小ねじり強さ ････････ 120
トルク
　　──こう配法 ････････････ 185, 190
　　──こう配法締付け ･･････ 182, 185
　　──と締付け力との関係 ･･････ 186
　　──法 ･･････････････････････ 189
　　──法締付け ････････････ 182, 184

【な】

内部形体 ･･････････････････････････ 25
ナット
　　──の機械的性質 ････････････ 97
　　──の強度区分 ･･･････････ 30, 31
　　──の表面欠陥 ･･････････････ 198
　　──の分類 ･･････････････････ 88
　　──の焼割れ ････････････････ 198
なべ小ねじの形状・寸法 ･･････････ 128
波形ばね座金 ･･････････････････････ 159
　　──の形状 ･･････････････････ 160
並目ねじ
　　──の強度区分 ･･････････････ 30
　　──の許容限界寸法 ･･････････ 21
　　──のナットの強度区分 ･･････ 96
　　──の呼び径とピッチ ････････ 48

【に】

日常せん断試験用取付具 ････････････ 178
ニッケルの塩水噴霧耐食性能 ････････ 207
二面幅の寸法 ･････････････････････ 56

【ね】

ねじ
　　──インサート ･･････････････ 40
　　──インサートの輪郭 ････････ 40
　　──先 ･･････････････････････ 58
　　──付きテーパピン ･･････････ 172
　　──付きテーパピンの硬さ ････ 176
　　──締結 ････････････････････ 185
　　──の表し方 ････････････････ 36
　　──の遅れ破壊試験 ･･････････ 204
　　──の外観 ･･････････････････ 39
　　──の機械的及び物理的性質 ･･ 29
　　──の幾何公差 ･･････････････ 24
　　──の基準寸法 ･･････････････ 16
　　──の強度 ･･････････････････ 28
　　──の強度区分 ･･････････････ 31
　　──の許容差 ････････････････ 17
　　──の形状検査 ･･････････････ 195
　　──の公差域クラス ･･････････ 27
　　──の締付け ････････････････ 182
　　──の締付け管理方法 ････････ 189
　　──の締付けに関する記号 ････ 183
　　──の締付け方法 ････････････ 182
　　──の締付け力とトルク ･･････ 186
　　──の種類を表す記号 ････････ 37
　　──の図示方法 ･･････････････ 39
　　──の寸法検査 ･･････････ 192, 194
　　──の寸法公差 ･･････････････ 17
　　──の先端形状 ･･････････････ 58
　　──の耐食性 ････････････････ 206

──の断面図・・・・・・・・・・・・・・・・・・・ 39
──の等級・・・・・・・・・・・・・・・・・・・・・ 36
──の等級の表し方・・・・・・・・・・・・・ 37
──のはめあい・・・・・・・・・・・・・・・・・ 26
──のピッチ・・・・・・・・・・・・・・・・・・・ 13
──の表面欠陥・・・・・・・・・・・・・・・・・ 197
──の表面欠陥検査・・・・・・・・・・・・・ 197
──の表面処理・・・・・・・・・・・・・・・・・ 33
──の偏差・・・・・・・・・・・・・・・・・・・・・ 24
──の呼び・・・・・・・・・・・・・・・・・・・・・ 36
──の呼び方・・・・・・・・・・・・・・・・・・・ 36
──の呼び径・・・・・・・・・・・・・・・・・・・ 13
──の呼びの表し方・・・・・・・・・・・・・ 37
ねじ部
　──以外の寸法検査・・・・・・・・・・・・・ 194
　──長さ・・・・・・・・・・・・・・・・・・・・・・・ 61
ねじ部品
　──の機械的性質の試験・・・・・・ 199, 201
　──の頭部の形状・・・・・・・・・・・・・・ 56
　──のねじ部長さ・・・・・・・・・・・・・・ 61
　──の引張疲労試験・・・・・・・・・・・・ 202
　──の物理的性質の試験・・・・・・ 199, 201
　──の用途・種類・・・・・・・・・・・・・・ 54
　──用のサイズ・・・・・・・・・・・・・・・・ 14
ねじ面
　──の摩擦係数に対する降伏締付け軸力
　の計算値・・・・・・・・・・・・・・・・・・・・・・・ 188
　──の摩擦係数に対するトルク係数
　の計算例・・・・・・・・・・・・・・・・・・・・・・・ 188
ねじ山・・・・・・・・・・・・・・・・・・・・・・・・・・・ 10
　──の基準山形・・・・・・・・・・・・・・・・ 10
　──の形状・・・・・・・・・・・・・・・・・・・・ 10
　──の種類・・・・・・・・・・・・・・・・・・・・ 44
ねじ用限界ゲージ
　──記号・・・・・・・・・・・・・・・・・・・・・・ 192
　──の種類・・・・・・・・・・・・・・・・・・・・ 192

ねじり強さ・・・・・・・・・・・・・・・・・・・・・・ 133
熱間成形
　──丸リベットの形状・寸法・・・・・・・ 179
　──リベット・・・・・・・・・・・・・・ 178, 180

【は】

鋼組み小ねじの種類・・・・・・・・・・・・・・ 125
鋼ボルトの機械的性質・・・・・・・・・・・・・ 73
羽子板ボルトの形状及び寸法・・・・・・ 151
歯付き座金・・・・・・・・・・・・・・・・・・・・・・ 159
　──の形状・・・・・・・・・・・・・・・・・・・・ 160
パッシベート処理・・・・・・・・・・・・・・・・ 35
ばね板ナット・・・・・・・・・・・・・・・・・・・・ 88
ばね座金・・・・・・・・・・・・・・ 159, 161, 165
　──一般用の形状・寸法・・・・・・・・・ 166
　──の形状・・・・・・・・・・・・・・・・・・・・ 159
　──の種類・・・・・・・・・・・・・・・・・・・・ 165
はめあい・・・・・・・・・・・・・・・・・・・・・・・ 26
　──長さ・・・・・・・・・・・・・・・・・・・・・・ 26

【ひ】

非金属インサート
　──付きフランジ付き六角ナット・・・ 104
　──付き六角ナット・・・・・・・・・・・・ 104
ピッチ・・・・・・・・・・・・・・・・・・・・・ 13, 36
　──の選択・・・・・・・・・・・・・・・・・・・・ 13
引張強さ・・・・・・・・・・・・・・・・・・・・・・・ 199
引張疲労試験・・・・・・・・・・・・・・・・・・・・ 202
皮膜厚さ・・・・・・・・・・・・・・・・・・・・・・・ 33
標準数・・・・・・・・・・・・・・・・・・・・・・・・・ 15
表面欠陥・・・・・・・・・・・・・・・・・・・・・・・ 197
平座金
　──の基準寸法・・・・・・・・・・・・・・・・ 158
　──の強度・・・・・・・・・・・・・・・・・・・・ 163
　──の形状・寸法・・・・・・・・・・・・・・ 162
　──の製品仕様・・・・・・・・・・・・・・・・ 163

——の呼び方 ・・・・・・・・・・・・・・・・・・・ 163
品質保証システム ・・・・・・・・・・・・・・・・ 208

【ふ】

物理的性質の試験 ・・・・・・・・・・・・ 199, 201
部品等級 ・・・・・・・・・・・・・・・・・・・・・・・・ 24
ブラインドリベット ・・・・・・・・・・・・・・・ 177
　——の要素 ・・・・・・・・・・・・・・・・・・・ 177
フランジ付き
　——六角ナット ・・・・・・・・・・・・・・・ 109
　——六角ナットの形状 ・・・・・・・・・ 109
　——六角溶接ナット ・・・・・・・・・・・・ 110

【へ】

平行ピン ・・・・・・・・・・・・・・・・・・・・・・・ 170
　——の硬さ ・・・・・・・・・・・・・・・・・・・ 176
　——の形状・寸法 ・・・・・・・・・・・・・ 170
ベーキング ・・・・・・・・・・・・・・・・・・・・・・ 35
ヘクサロビュラ穴 ・・・・・・・・・・・・・・・・・ 57
　——付き小ねじ ・・・・・・・・・・・・・・・ 124
　——付き小ねじの種類 ・・・・・・・・・ 125

【ほ】

保証荷重試験 ・・・・・・・・・・・・・・・・・・・ 199
細目ねじ
　——の強度区分 ・・・・・・・・・・・・・・・・ 30
　——の許容限界寸法 ・・・・・・・・・・・・ 22
　——のナットの強度区分 ・・・・・・・・ 96
　——の呼び径とピッチ ・・・・・・・・・・ 48
ボタンボルト ・・・・・・・・・・・・・・・・・・・・ 76
ボルト
　——の機械的及び物理的性質 ・・・・・ 29
　——の強度区分 ・・・・・・・・・・・・・・・・ 31
　——のねじ部長さ ・・・・・・・・・・・・・・ 61
　——の分類 ・・・・・・・・・・・・・・・・・・・・ 64
　——の焼割れ ・・・・・・・・・・・・・・・・・ 197

【ま】

丸形平座金 ・・・・・・・・・・・・・・・・・・・・・ 161

【み】

溝付きスプリングピン
　——に対する品質 ・・・・・・・・・・・・・ 176
　——の形状 ・・・・・・・・・・・・・・・・・・・ 175
溝付き六角ナット ・・・・・・・・・・・・・・・・ 88
　——の形状 ・・・・・・・・・・・・・・・・・・・ 101
　——の種類 ・・・・・・・・・・・・・・・・・・・ 100
　——の寸法 ・・・・・・・・・・・・・・・・・・・ 100
ミニチュアねじ ・・・・・・・・・・・・・・・・・・ 44
　——の基準山形 ・・・・・・・・・・・・・・・・ 44

【め】

メートル台形ねじ ・・・・・・・・・・・・・ 45, 52
　——の基準寸法 ・・・・・・・・・・・・・・・・ 53
　——の呼び径とピッチ ・・・・・・・・・・ 52
メートルねじ
　——の基準寸法 ・・・・・・・・・・・・・・・・ 46
　——の分類 ・・・・・・・・・・・・・・・・・・・・ 48
　——の呼び径及びピッチ ・・・・・・・・ 48
めねじ
　——付きテーパピン（A 種及び B 種）
　　の形状・寸法 ・・・・・・・・・・・・・・・ 172
　——付き平行ピン ・・・・・・・・・・・・・ 173
　——付き平行ピンの形状・寸法 ・・・・・ 173
　——付き平行ピンの硬さ ・・・・・・・ 176
　——の公差域クラス ・・・・・・・・・・・・ 27
　——部品の強度 ・・・・・・・・・・・・・・・・ 28

【も】

木ねじ ・・・・・・・・・・・・・・・・・・・・・・・・ 132
　——の形状・寸法 ・・・・・・・・・ 132, 133
　——の種類 ・・・・・・・・・・・・・・・・・・・ 132

【や】

焼割れ･････････････････ 197, 198

【ゆ】

ユニファイ並目ねじの基準寸法･･････ 49
ユニファイねじ･･･････････････ 49
　──の基準寸法･････････ 44, 46
　──の基準山形･･････････････ 44
　──の分類････････････････ 49
ユニファイ細目ねじの基準寸法･･････ 50

【よ】

溶接ナット･････････････ 88, 102
　──の種類････････････････ 102
　──の寸法････････････････ 102
溶接ボルト･････････････････ 86
溶融亜鉛めっき･･････････････ 34
呼び径･･････････････････ 13
　──の選択････････････････ 13
　──六角ボルトの寸法･･････････ 68

【り】

リベット････････････････ 177

【れ】

冷間成形
　──丸リベットの形状・寸法･････ 179
　──リベット･････････ 178, 180

【ろ】

六角穴
　──付き皿ボルト････････････ 74
　──付き皿ボルトの強度･･･････ 81
　──付き皿ボルトの形状･･････ 75
　──付き皿ボルトの寸法･･････ 78
　──付きショルダボルト･･････ 74
　──付きショルダボルトの強度･･･ 80
　──付きショルダボルトの形状･･ 74
　──付きショルダボルトの寸法･･ 77
　──付き止めねじ･･････････ 136
　──付き止めねじ（くぼみ先）の形状 141
　──付き止めねじ（とがり先）の形状 139
　──付き止めねじ（平先）の形状･･･ 138
　──付き止めねじ（棒先）の形状･･･ 140
　──付きボタンボルト･･･････ 74
　──付きボタンボルトの強度･･･ 80
　──付きボタンボルトの形状･･ 74
　──付きボタンボルトの寸法･･ 76
　──付きボルト････････ 54, 74
　──付きボルト（並目ねじ）の寸法･･ 77
　──付きボルトの強度････････ 80
　──付きボルトの形状････････ 75
　──付きボルトの寸法････････ 76
　──のゲージの形状･･････････ 57
六角低ナット
　──面取りなし･･････････ 93
　──両面取り･･････････ 92, 95
六角ナット･･････････････ 55
　──上････････････････ 93
　──上の形状・寸法････････ 94
　──スタイル1････････････ 92
　──スタイル1（並目ねじの形状）･･ 92
　──スタイル1（並目ねじの寸法）･･ 93
　──スタイル1（並目ねじの製品仕様） 95
　──スタイル2････････････ 92
　──中････････････････ 93
　──並････････････････ 93
　──の強度･･････････････ 95
　──の種類･･････････････ 90
　──の寸法･･････････････ 92
　──の等級･･････････････ 91

──C ････････････････････ 92
　──C の強度 ･･････････････ 95
六角袋ナット ･･････････････ 88
　──の形状 ･･････････････ 99
　──の種類 ･･････････････ 98
六角ボルト ･･･････････････ 55
　──の強度 ･･････････････ 72
　──の形状 ･･････････････ 55
　──の種類 ･･････････････ 66

　──の寸法 ･･････････････ 68
　──の製品仕様 ･･････････ 72
　──の等級 ･･････････････ 67
六角溶接ナットの形状 ･･････ 103

【わ】

割ピン ･････････････････ 167
　──の硬さ ････････････ 175
　──の形状・寸法 ･･･････ 167

ねじ締結関係収録 JIS 一覧

ねじの基本

JIS B 0002-1（1998）：製図−ねじ及びねじ部品—第1部：通則
JIS B 0002-2（1998）：製図—ねじ及びねじ部品—第2部：ねじインサート
JIS B 0002-3（1998）：製図—ねじ及びねじ部品—第3部：簡略図示方法
JIS B 0123（1999）：ねじの表し方
JIS B 0205-1（2001）：一般用メートルねじ—第1部：基準山形
JIS B 0205-2（2001）：一般用メートルねじ−第2部：全体系
JIS B 0205-3（2001）：一般用メートルねじ−第3部：ねじ部品用に選択したサイズ
JIS B 0205-4（2001）：一般用メートルねじ−第4部：基準寸法
JIS B 1010（2003）：締結用部品の呼び方
JIS B 1021（2003）：締結用部品の公差−第1部：ボルト，ねじ，植込みボルト及びナット−部品等級A，B及びC
JIS B 1022（2008）：締結用部品の公差−第3部：ボルト，小ねじ及びナット用の平座金−部品等級A及びC
JIS B 1044（2001）：締結用部品−電気めっき
JIS B 1046（2005）：締結用部品−非電解処理による亜鉛フレーク皮膜
JIS B 1048（2007）：締結用部品−溶融亜鉛めっき
JIS B 1051（2000）：炭素鋼及び合金鋼製締結用部品の機械的性質−第1部：ボルト，ねじ及び植込みボルト
JIS B 1052-2（2009）：締結用部品の機械的性質−第2部：保証荷重値規定ナット−並目ねじ
JIS B 1052-6（2009）：締結用部品の機械的性質−第6部：保証荷重値規定ナット−細目ねじ）

JIS B 1054-1（2001）：耐食ステンレス鋼製締結用部品の機械的性質−第1部：ボルト，ねじ及び植込みボルト
JIS B 1054-2（2001）：耐食ステンレス鋼製締結用部品の機械的性質−第2部：ナット

ねじの種類

JIS B 0101（1994）：ねじ用語
JIS B 0201（1973）：ミニチュアねじ
JIS B 0205-1（2001）：一般用メートルねじ−第1部：基準山形
JIS B 0205-2（2001）：一般用メートルねじ−第2部：全体系
JIS B 0205-4（2001）：一般用メートルねじ−第4部：基準寸法
JIS B 0206（1973）：ユニファイ並目ねじ
JIS B 0208（1973）：ユニファイ細目ねじ
JIS B 0210（1973）：ユニファイ並目ねじの許容限界寸法及び公差
JIS B 0212（1973）：ユニファイ細目ねじの許容限界寸法及び公差
JIS B 0216（1980）：メートル台形ねじ
JIS B 0217（1980）：メートル台形ねじ公差方式
JIS B 0218（1980）：メートル台形ねじの許容限界寸法及び公差
JIS B 1002（1985）：二面幅の寸法
JIS B 1003（2003）：締結用部品−メートルねじをもつおねじ部品のねじ先
JIS B 1006（2009）：締結用部品−一般用メートルねじをもつおねじ部品の不完全ねじ部長さ
JIS B 1007（2003）：タッピンねじのねじ部
JIS B 1009（1991）：おねじ部品−呼び長さ及びボルトのねじ部長さ
JIS B 1012（1985）：ねじ用十字穴
JIS B 1013（1994）：皿頭ねじ−頭部の形状

及びゲージによる検査
JIS B 1014（1004）：皿頭ねじ−第2部：十字穴のゲージ沈み深さ
JIS B 1015（2008）：おねじ部品用ヘクサロビュラ穴
JIS B 1016（2006）：六角穴のゲージ検査
JIS B 1111（1996）：十字穴付き小ねじ
JIS B 1112（1995）：十字穴付き木ねじ
JIS B 1117（2010）：すりわり付き止めねじ
JIS B 1122（1996）：十字穴付きタッピンねじ
JIS B 1176（2006）：六角穴付きボルト
JIS B 1180（2004）：六角ボルト
JIS B 1181（2004）：六角ナット

ボルト

JIS B 1051（2000）：炭素鋼及び合金鋼製締結用部品の機械的性質−第1部：ボルト，ねじ及び植込みボルト
JIS B 1166（2009）：T溝ボルト
JIS B 1168（1994）：アイボルト
JIS B 1173（2010）：植込みボルト
JIS B 1174（2006）：六角穴付きボタンボルト
JIS B 1175（1988）：六角穴付きショルダボルト
JIS B 1176（2006）：六角穴付きボルト
JIS B 1178（2009）：基礎ボルト
JIS B 1179（2009）：皿ボルト
JIS B 1180（2004）：六角ボルト
JIS B 1182（2009）：四角ボルト
JIS B 1184（2010）：ちょうボルト
JIS B 1194（2006）：六角穴付き皿ボルト
JIS B 1195（2009）：溶接ボルト

ナット

JIS B 1056（2011）：プリベリングトルク形鋼製六角ナット−機械的性質及び性能
JIS B 1163（2009）：四角ナット
JIS B 1169（1994）：アイナット
JIS B 1170（2011）：溝付き六角ナット
JIS B 1181（2004）：六角ナット
JIS B 1183（2010）：六角袋ナット
JIS B 1185（2010）：ちょうナット
JIS B 1190（2005）：フランジ付き六角ナット
JIS B 1196（2010）：溶接ナット
JIS B 1199-1（2001）：プリベリングトルク形ナット−第1部：非金属インサート付き六角ナット
JIS B 1199-2（2001）：プリベリングトルク形ナット−第2部：全金属製六角ナット
JIS B 1199-3（2001）：プリベリングトルク形ナット−第3部：非金属インサート付きフランジ付き六角ナット
JIS B 1199-4（2001）：プリベリングトルク形ナット−第4部：全金属製フランジ付き六角ナット
JIS B 1200（2007）：フランジ付き六角溶接ナット
JIS B 1216（2006）：押込みばね板ナット

タッピンねじ

JIS B 1007（2003）：タッピンねじのねじ部
JIS B 1055（1995）：タッピンねじ−機械的性質
JIS B 1059（2001）：タッピンねじのねじ山をもつドリルねじ−機械的性質及び性能
JIS B 1115（1996）：すりわり付きタッピンねじ
JIS B 1122（1996）：十字穴付きタッピンねじ
JIS B 1123（1996）：六角タッピンねじ
JIS B 1124（2003）：タッピンねじのねじ山をもつドリルねじ
JIS B 1125（2003）：ドリリングタッピンねじ
JIS B 1126（2009）：つば付き六角タッピンねじ
JIS B 1127（2009）：フランジ付き六角タッピンねじ
JIS B 1128（2004）：ヘクサロビュラ穴付きタッピンねじ
JIS B 1130（2006）：平座金組込みタッピンねじ

小ねじ

JIS B 1051（2000）：炭素鋼及び合金鋼製締結用部品の機械的性質−第1部：ボルト，ねじ及び植込みボルト

JIS B 1054-1（2001）：耐食ステンレス鋼製締結用部品の機械的性質−第1部：ボルト，ねじ及び植込みボルト
JIS B 1057（2001）：非鉄金属製ねじ部品の機械的性質
JIS B 1101（1996）：すりわり付き小ねじ
JIS B 1107（2004）：ヘクサロビュラ穴付き小ねじ
JIS B 1111（1996）：十字穴付き小ねじ
JIS B 1112（1995）：十字穴付き木ねじ
JIS B 1116（2009）：精密機器用すりわり付き小ねじ
JIS B 1119（1995）：眼鏡枠用小ねじ及びナット
JIS B 1135（1995）：すりわり付き木ねじ
JIS B 1188（1995）：座金組込み十字穴付き小ねじ

止めねじ

JIS B 1053（1199）：炭素鋼及び合金鋼製締結用部品の機械的性質−第5部：引張力を受けない止めねじ及び類似のねじ部品
JIS B 1054-3（2001）：耐食ステンレス鋼製締結用部品の機械的性質−第3部：引張力を受けない止めねじ及び類似のねじ部品
JIS B 1117（2010）：すりわり付き止めねじ
JIS B 1118（2010）：四角止めねじ
JIS B 1177（2007）：六角穴付き止めねじ

建築用ねじ

JIS A 5540（2008）：建築用ターンバックル
JIS A 5541（2008）：建築用ターンバックル胴
JIS B 1186（1995）：摩擦接合用高力六角ボルト・六角ナット・平座金のセット
JIS B 1220（2010）：構造用転造両ねじアンカーボルトセット
JIS B 1221（2010）：構造用切削両ねじアンカーボルトセット

座金

JIS B 1250（2008）：一般用ボルト，小ねじ及びナットに用いる平座金−全体系
JIS B 1251（2001）：ばね座金
JIS B 1256（2008）：平座金
JIS B 1257（2004）：座金組込みタッピンねじ用平座金−並形及び大形系列−部品等級A
JIS B 1258（2006）：座金組込みねじ用平座金−小形，並形及び大形系列−部品等級A

ピン

JIS B 1351（1987）：割りピン
JIS B 1352（1988）：テーパピン
JIS B 1353（1990）：先割りテーパピン
JIS B 1354（1988）：平行ピン
JIS B 1355（1990）：ダウエルピン
JIS B 1358（1990）：ねじ付きテーパピン
JIS B 1359（1990）：めねじ付き平行ピン
JIS B 1360（2006）：スナップピン
JIS B 2808（2005）：スプリングピン

リベット

JIS B 0147（2004）：ブラインドリベット−用語及び定義
JIS B 1022（2008）：締結用部品の公差−第3部：ボルト、小ねじ及びナット用の平座金−部品等級A及びC
JIS B 1087（2004）：ブラインドリベット−機械的試験
JIS B 1129（2004）：平座金組込みタッピンねじ
JIS B 1130（2006）：鋼製平座金組込みねじ−座金の硬さ区分 200 HV 及び 300 HV
JIS B 1213（1995）：冷間成形リベット
JIS B 1214（1995）：熱間成形リベット
JIS B 1215（1976）：セミチューブラリベット

ねじの締付け

JIS B 1083（2008）：ねじの締付け通則
JIS B 1084（2007）：締結用部品−締付け試験方法

ねじの試験・検査

JIS B 0251（2008）：メートルねじ用限界

ゲージ
JIS B 0271（2004）：ねじ測定用三針及びねじ測定用四針
JIS B 1041（1993）：締結用部品—表面欠陥第1部：一般要求のボルト，ねじ及び植込みボルト
JIS B 1042（1998）：締結用部品—表面欠陥第2部：ナット
JIS B 1043（1993）：締結用部品—表面欠陥第3部：特殊要求のボルト，ねじ及び植込みボルト
JIS B 1044（2001）：締結用部品—電気めっき
JIS B 1045（2001）：水素ぜい化検出のための予荷重試験—平行座面による方法
JIS B 1046（2005）：締結用部品—非電解処理による亜鉛フレーク皮膜
JIS B 1051（2000）：炭素鋼及び合金鋼製締結用部品の機械的性質–第1部：ボルト，ねじ及び植込みボルト
JIS B 1052-2（2009）：締結用部品の機械的性質—第2部：保証荷重値規定ナット並目ねじ
JIS B 1071（2010）：締結用部品—精度測定方法
JIS B 1081（1997）：ねじ部品—引張疲労試験—試験方法及び結果の評価
JIS B 1091（2003）締結用部品–受入検査
JIS B 1092（2006）締結用部品–品質保証システム

著者略歴

大磯　義和（おおいそ　よしかず）

1968 年　通商産業省（工業技術院標準部機械規格課）入省
　　　　機械，電気，材料の各分野の JIS/ISO の標準化事業に従事
2005 年　日本ねじ研究協会専務理事
2010 年　社団法人日本ねじ工業協会専務理事を兼務　現在に至る

JIS 逆引きリファレンス　ねじ締結

定価：本体 2,500 円（税別）

2012 年 9 月 21 日　　第 1 版第 1 刷発行

監 修 者　日本ねじ研究協会
著　　者　大磯　義和
発 行 者　田中　正躬
発 行 所　一般財団法人　日本規格協会
　　　　　〒107-8440　東京都港区赤坂 4 丁目 1-24
　　　　　　　　　　http://www.jsa.or.jp/
　　　　　　　　　　振替　00160-2-195146

印 刷 所　株式会社ディグ
制　　作　株式会社エディトリアルハウス

© Yoshikazu Oiso, 2012　　　　　　　　　　Printed in Japan
ISBN978-4-542-30428-4

> 当会発行図書，海外規格のお求めは，下記をご利用ください．
> 　営業サービスユニット：(03) 3583-8002
> 　　書店販売：(03) 3583-8041　注文 FAX：(03) 3583-0462
> 　　JSA Web Store：http://www.webstore.jsa.or.jp/
> 編集に関するお問合せは，下記をご利用ください．
> 　編集制作ユニット：(03) 3583-8007　FAX：(03) 3582-3372
> ●本書及び当会発行図書に関するご感想・ご意見・ご要望等を，
> 　氏名・年齢・住所・連絡先を明記の上，下記へお寄せください．
> 　　　e-mail：dokusya@jsa.or.jp　FAX：(03) 3582-3372
> 　　　　（個人情報の取り扱いについては，当会の個人情報保護方針によります．）